新编畜禽饲养员培训教程系列丛书

新编肉鸭饲养员培训教程

◎ 李连任　主编

U0349409

中国农业科学技术出版社

图书在版编目（CIP）数据

新编肉鸭饲养员培训教程 / 李连任主编 . —北京：中国
农业科学技术出版社，2017.9

ISBN 978-7-5116-3191-6

Ⅰ . ①新… Ⅱ . ①李… Ⅲ . ①肉用鸭—饲养管理—技
术培训—教材 Ⅳ . ① S834

中国版本图书馆 CIP 数据核字（2017）第 181575 号

责任编辑　张国锋
责任校对　马广洋

出 版 者　中国农业科学技术出版社
　　　　　　北京市中关村南大街 12 号　邮编：100081
电　　话　（010）82106636（编辑室）（010）82109702（发行部）
　　　　　　（010）82109709（读者服务部）
传　　真　（010）82106631
网　　址　http：//www.castp.cn
经 销 者　各地新华书店
印 刷 者　北京富泰印刷有限责任公司
开　　本　880mm×1 230mm　1/32
印　　张　5
字　　数　144 千字
版　　次　2017 年 9 月第 1 版　2017 年 9 月第 1 次印刷
定　　价　22.00 元

编写人员名单

主　　编	李连任
副 主 编	王立春　庄桂玉
编写人员	李连任　于艳霞　闫益波　庄桂玉
	郭长城　朱　琳　李　童　武传芝
	李长强　侯和菊　季大平　徐海燕

前言

进入 21 世纪，畜禽养殖业集约化程度越来越高，设施越来越先进，饲料营养水平越来越科学。通过多年不断从国外引进种畜禽良种和选育、扩繁、推广，我国主要种畜禽遗传性能得到显著改善。但是，由于饲养管理和疫病等问题导致优良畜禽良种生产潜力得不到充分发挥，养殖效益滑坡甚至亏损的情形时有发生。因此，对处在生产一线的饲养员的要求越来越高。

但是，一般的畜禽场，即使是比较先进的大型养殖场，因为防疫等方面的需要，多处在比较偏僻的地段，交通不太方便，对饲养员的外出也有一定限制，生活枯燥、寂寞；加上饲养员工作环境相对比较脏，劳动强度大，年轻人、高学历的人不太愿意从事这个行业，因此，从事畜禽饲养员工作的多以中年人居多，且流动性大，专业素质相对较低。因此，编者从实用性和可操作性出发，用通俗的语言，编写一本技术科学实用、操作简单可行，适合基层饲养员喜欢看的教材，是畜禽养殖从业者的共同心声。

正是基于这种考虑，我们组织了农科院专家学者、职业院校教授和常年工作在畜禽生产一线的技术服务人员，从各种畜禽饲养员的岗位职责和素质要求入手，就品种与繁殖利用，营养与饲料，饲养管理，疾病综合防制措施等方面的内容，介绍了现代畜禽生产过程中的新理念、新技术、新方法。每个章节都给读者设计了知识目标和技能要求；在为培训人员设置的技能训练项目中，提出了具体的目的要求、训练条件、操作方法和考核标准；为饲养员设计了思考与练习题目，方便培训时使用。

　　本书可作为基层养殖场培训饲养员的专用教材或中小型养殖场、各类养殖专业合作社工作人员及农村养殖专业户自学使用，亦可供农业大中专院校相关专业师生阅读参考。

　　由于作者水平有限，书中难免存在纰缪。对书中不妥、错误之处，恳请广大读者不吝指正。

编　者

2017 年 6 月

目　录

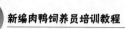

第一章　肉鸭饲养员须知

知识目标

1. 熟悉肉鸭饲养员的岗位职责和素质要求。

2. 了解我国著名的几个优良肉鸭品种，并能识别各自的基本体貌特征。

3. 了解肉鸭的消化生理特点。

4. 掌握肉鸭的生物学特性及行为习性。

5. 了解肉鸭的生产特点。

技能要求

1. 能根据常见肉鸭品种的特点进行品种识别。

2. 能熟练操作肉鸭生产的主要设备，并能进行简单的故障维护。

第一节　肉鸭饲养员岗位职责和素质要求

一、肉鸭饲养员的岗位职责

① 认真学习基本理论知识和基本饲养技术，虚心接受岗位培训，

不断提高基本饲养技能。应做到先培训后上岗，优先录用按国家规定取得饲养工作合格证书的员工。

② 遵纪守法，遵守养殖场各项规章制度，爱护饲养的肉鸭。

③ 坚守岗位，不得擅自离岗，有事请假，工作人员调休必须调整适当，不得影响正常工作。

④ 看护好场内的鸭和其他物品，白天巡回检查，观察鸭群，检查设施。工作人员不得擅自带外来人员进入鸭舍和放养区，不准在值班室留宿。

⑤ 分工与协作统一，在一个合作团队下，开展各自的工作，确保基地各项工作顺利进行。

⑥ 及时报告饲料使用情况，提前粉碎配好饲料。

⑦ 每天经常巡视鸭群和放养场地，认真观察有无异常现象，采食饮水是否正常，避免鸭群应激。

⑧ 每天如实填写各项记录，保证各项记录符合公司和其他管理和检验检疫机构的要求。

⑨ 每天做好生产和生活场所的卫生工作，保持鸭食槽、饮水器、鸭舍等清洁。

⑩ 按时做好基地和周围环境的消毒工作。

⑪ 鸭有精神不佳或其他不良症状及时报告技术员，病死鸭不得随意乱扔，必须进行无害化处理。

⑫ 防止活体媒介和中间宿主与鸭群接触。如搞好卫生，消灭蚊蝇滋生地，经常捕捉老鼠，禁止猫、狗进入鸭场等。

二、肉鸭饲养员的素质要求

① 具备正确的世界观、人生观、价值观和道德观，具备有理想、有道德、有文化、守纪律的新型公民素质，具备扎实工作的心理素质和奉献精神，热爱劳动。

② 具备必要的文化基础知识。通过培训，具备本岗位所需要的综合职业能力和专业理论知识，如养鸭基本知识、养鸭设备的操作、产品的交纳、生产用品的领放和保管等。

③ 具备从事本岗位相关职业活动所需要的方法和能力、社会行为

和创新能力；具备获取新知识、不断开发自身潜能和适应技术进步及岗位要求变更的能力；具备较强的组织协调能力；具备将自身技能与群体技能融合的能力；具备积极探索、勇于创新的能力。

④ 以大局为重，服从领队，听从指挥，爱岗敬业，尽职尽责。维护公司形象，增强集体荣誉感，积极参加各项集体活动。

⑤ 严格按照各项工作操作规程办事，不得违规操作，严防安全事故发生。

⑥ 严格请示汇报制度。生产中发现问题，及时逐级上报；严格执行岗位责任制，有事请假，不得擅自离岗。

⑦ 进行各类消毒时，必须具备良好的防护意识，养成良好的防护习惯，加强自身防护，防止和控制人畜共患病的发生。

第二节　肉鸭饲养员应知应会

一、肉鸭的消化生理特点

鸭的消化系统由消化道和消化腺两部分组成。消化道是一条从口腔、舌、咽喉、食道、食道膨大部、腺胃、肌胃、小肠、盲肠、直肠、泄殖腔的肌性管道，鸭消化道器官包括喙、口腔、舌、咽、食道、食道膨大部、腺胃、肌胃（沙囊）、小肠（十二指肠、空肠、回肠）、盲肠、直肠、泄殖腔。消化腺包括大消化腺（唾液腺、肝脏、胰腺）和分布在消化道各部管壁内的小消化腺，它们均借助导管，将分泌物排入消化道内。

鸭靠喙采食饲料，鸭的喙长而扁、末端呈圆形，上下喙的边缘呈锯齿状横褶。鸭在水中采食时，可通过横褶快速将水滤出并将食物阻留在口腔中。在横褶的蜡膜以及舌的边缘上，分布着丰富的触觉感受器。

鸭口腔内无牙齿，唾液腺分泌唾液的能力较差，因而采食时伴随饮水，以湿润食物，便于吞咽。鸭吞咽食物时抬头伸颈，借重力、食道管肌肉的收缩力及食道内的负压将食物和水咽下。鸭食道下端为膨大部，呈纺锤形，用于贮存、软化食物。在正常情况下，食物在食道膨大部停留 2~4 小时，然后节律性地流入胃内。食物在腺胃中进行初步消化后，进入肌胃。肌胃胃壁肌肉十分发达，收缩力强，主要用于磨碎食物，完成物理消化过程。同时肌胃具有一定的分泌胃液的作用。因此在肉鸭日粮中加入一定的小石粒，有助于食物消化。磨碎的食物借肌胃的收缩力经幽门进入小肠，继续被消化。

小肠分为十二指肠、空肠和回肠。食糜进入小肠后，在淀粉酶、胰蛋白酶、糜蛋白酶、脂肪酶、肽酶、麦芽糖酶等作用下，淀粉分解为葡萄糖；蛋白质分解为氨基酸和短肽；脂肪分解为脂肪酸和甘油一酯等后被吸收。食糜在消化的同时，依靠小肠的蠕动进入大肠。

鸭大肠由盲肠和直肠组成。盲肠十分发达，未消化的食糜可在盲肠微生物的作用下进一步消化，包括消化一定量的粗纤维素。盲肠具有吸收水分、电解质和钙、磷的能力。鸭的直肠较短，主要作用是吸收未消化食糜中的水分，收集未消化食糜和消化道内源代谢产物，形成粪便。粪便经泄殖腔排出体外。

肝脏是鸭最重要的消化器官之一，位于腹腔前部，分左右两叶。肝脏分泌胆汁经胆管进入十二指肠，促进十二指肠运动。胆汁能激活脂肪酶，使脂肪乳化，促进脂肪和脂溶性维生素吸收。同时，肝脏参与糖、脂肪和蛋白质的代谢，并有解毒作用。

胰腺具有十分重要的消化与内分泌双重功能，是鸭最重要的消化器官和内分泌器官，位于腹腔前部，肠系膜使胰腺紧贴于十二指肠上。胰腺经胰腺管与胃肠道相连。胰腺管的开口位于肌胃幽门附近。胰腺分泌胰液经胰腺管进入十二指肠。胰液中含有丰富的淀粉酶、胰蛋白酶、糜蛋白酶、脂肪酶、肽酶、麦芽糖酶等，对饲料蛋白质、脂肪和碳水化合物起着非常重要的消化作用。胰腺同时具有内分泌功能，分泌的胰岛素和胰高血糖素对鸭体内糖、脂肪和蛋白质的代谢具有十分重要的调节功能。肉鸭消化能力强，消化食物迅速，不耐饥渴，因而需要频繁的饮水和采食。

二、肉鸭的生物学特性及行为习性

1. 群体行为与管理

鸭具有合群性，也有争斗性，良好的群居性是经过争斗建立起来的。啄斗顺序：强者优先采食、饮水，占据鸭群最高地位。在鸭群成员固定的情况下，已经确定下来的等级关系一直保持下去，这种结构促进鸭群和平共处，形成良好的共居性，可促进鸭群的高产。干扰和破坏已经形成的啄斗顺序，会引起新的争斗。啄斗顺序的形成是不可避免的，只能通过创造适宜的密度、光照、供水及小气候环境条件，缓解啄斗顺序形成过程中的应激反应和不必要的损失。鸭啄斗从 2 周龄开始，3~5 周达到高峰。

2. 采食行为与鸭饲养

鸭是水禽，喜欢在水中觅食、嬉戏，鸭可利用的饲料品种比其他家禽多，鸭的食道容积大，能容纳较多的食物。鸭喙的结构较适宜寻食沉在水中的食物，同时可食用干颗粒饲料，但却不善于摄食干粉料。许多粉料与唾液混合后，成为黏稠物与舌头外缘的乳头组织或其他部分以及喙的上下缘粘结在一起，这个粘层阻止食物流在舌上的运动，常造成鸭甩嘴或者试图冲洗掉这些粘料，从而造成采食量下降或饲料浪费。鸭愿饮凉水，不愿饮高于体温的水。鸭在早晨和天黑来临时采食较多，中午较少。

3. 反常行为与疾病

反常行为是鸭对觉察到的威胁及挑战的应答，是环境不适引起的各种异常表现。应激可使机体的生理和心理平衡遭受破坏，抗病力降低。

4. 耐寒怕热

鸭没有汗腺，因而抗暑能力差。鸭有许多气囊，可通过呼吸来散热，还可进入水中，通过传导散热。鸭羽毛能阻碍皮肤表面的蒸发散热，鸭的尾脂腺发达，鸭在梳理羽毛时，用喙压迫尾脂腺，挤出分泌物涂于羽毛上，使羽毛不被水浸湿，起到防水御寒的作用。

5. 反应灵敏

鸭有较好的反应能力，比较容易受训练和调教。但它性急、胆小，容易受惊而高声鸣叫，导致互相挤压。鸭的这种惊恐行为一般在 1 月龄开始出现。人接近鸭群时也要做出鸭熟悉的声音，以免鸭骤然受惊。

三、肉鸭的生产特点

1. 生长迅速，饲料报酬高

肉鸭的早期生长速度是所有家禽中最快的一种。大多数白羽肉鸭4周龄体重能够达到1.8~2.0千克，7周龄体重可达3.2~3.5千克。超过7周龄之后肉鸭的增重速度逐渐下降，每千克增重所需要消耗的饲料量增加。一般饲养到7周龄上市，全程料肉比（2.4~2.6）:1。因此，肉鸭的生产要尽量利用早期生长速度快、饲料报酬高的特点，在最佳屠宰日龄出售。

2. 体重大，出肉多，产品质量好

大型肉鸭的上市体重一般在3千克以上，胸肌比较发达，出肉率高。据测，7周龄上市的大型肉鸭的胸腿肉可达600克以上，占全净膛屠体重的25%以上，胸肌可达350克以上。这种肉鸭肌间脂肪含量多，所以特别细嫩可口。在世界卫生组织连续4年的健康食品推荐中，鸭肉一直位居肉类食品的第二名，说明鸭肉的质量不仅得到消费者的青睐，也得到来自世界各地专家的认可。

鸭的体躯、腹部、背部的绒毛，经过加工处理及消毒灭菌，可制成质轻松软、弹性好、保温防寒能力强的羽绒服装，其经济效益颇高。鸭羽绒的比重小、保暖效果好，是制作羽绒服、羽绒被等防寒保暖用品的主要原料。1只肉鸭屠宰后可以得到含绒30%的羽毛150~200克。翅膀上的大毛可以制作羽毛画、羽毛球等。

此外，鸭的肝脏中可以聚存大量的脂肪，其中不饱和脂肪酸的含量远比鸡、家畜的含量高，且口感好；鸭脖、鸭翅、鸭掌、鸭肠、鸭胗等都是上等的美味佳肴；鸭血性寒，味咸，有补血、解毒功效。

3. 生产周期短，可大批量生产

由于肉鸭早期生长特别快，饲养周期6~7周，有的4周龄就可出栏。因此，肉鸭的生产周期短、资金周转快，对集约化经营十分有利。肉鸭的性情温顺、相互间很少争斗、饲养密度大，可以进行大批量生产。当前的肉鸭养殖场，一个鸭舍一个批次可以饲养5 000只以上，多的可达数万只。由于规模化肉鸭多实行舍饲饲养，无季节性限制，为常年生产提供了良好的基础。

4. 鸭产品需求量大，附加值高，前景好

国内外市场对鸭产品需求量很大，质量要求也日趋严格。对各种传统的鸭产品，如卤鸭、烤鸭、油淋鸭、盐水鸭、香酥鸭、板鸭、琵琶鸭等均有较大需求；如今的活鸭、冻全鸭、冻分割鸭、鸭肥肝、鸭绒等均是出口创汇的畅销产品。此外，鸭脖、鸭翅、鸭掌、鸭肠、鸭绒等附加值较高的副产品也有很广阔的市场。

5. 适应性强，抗病力强

肉鸭有很强的环境适应能力，各地都可饲养。引种后，在一个新的环境，仍然可保持比较良好的生产性能。如英国的樱桃谷肉鸭、法国的克里莫鸭，引进我国后，大部分地区都表现出了遗传性能稳定、产肉量高的优点。

肉鸭的疾病比较少，临床上常见的不到10种，饲养比较省心。

6. 生产设施比较简单，成本低

与肉鸡生产相比，肉鸭养殖设施相对比较简单，保温、通风等的要求也不像肉鸡那样严格，所需的设备也比较简单，投资不大，成本低廉。

7. 采用全进全出制

为了便于饲养管理和卫生防疫，专业化肉鸭养殖场的肉鸭生产全部采用全进全出的生产流程，即全场在同一时间内只饲养同一批次（日龄、类型、来源都相同）的肉鸭，到出栏日龄时统一出栏，之后对全场进行彻底清理、消毒、设备维修和3周左右的空舍闲置期，然后再进行下一批肉鸭的养殖。

8. 建立产销结合联合体

肉鸭的饲养周期短，7周龄之前必须出栏，如果饲养的时间延长，则生产成本提高、风险加大。为此，必须建立屠宰、冷藏、加工和销售网络，以保证肉鸭在合适的时间及时出栏。

四、肉鸭的品种与特点

（一）国内优质肉鸭品种

1. 北京鸭

北京鸭（图1-1）是世界上最著名的肉鸭品种。北京鸭原产于我国北京近郊，已有300多年的历史，其饲养基地在京东大运河及潮白河一带。后来的饲养中心逐渐迁至北京西郊玉泉山下一带护城河附近。北京鸭在我国除北京、天津、上海、广州饲养较多外，全国各地均有分布。具有生长快、繁殖率高、肉质好等特点，以北京鸭为原料加工制作的烤鸭名扬世界，享誉中外。

图1-1　北京鸭

北京鸭体型硕大丰满，挺拔强健。头较大，颈粗、中等长度；体躯呈长方形，前胸突出，背宽平，胸骨长而直；两翅较小，紧附于体躯两侧；尾羽短而上翘，公鸭尾部有2~4根向背部卷曲的性指羽。母鸭腹部丰满，腿粗短，蹼宽厚。喙、胫、蹼橙黄色或橘红色；眼的虹彩蓝灰色。雏鸭绒毛金黄色，称为"鸭黄"，随着日龄增加颜色逐渐变浅，至四周龄前后变为白色羽毛。

北京鸭填鸭的半净膛屠宰率公鸭为80.6%，母鸭81.0%；全净膛屠宰率公鸭73.8%，母鸭74.1%；胸腿肌占胴体的比例，公鸭为18%，母鸭18.5%。北京鸭有较好的肥肝性能，填肥2~3周，肥肝重可达300~400克。

2. 天府肉鸭

天府肉鸭（图1-2）系四川省原种水禽场与四川农业大学家禽育种实验场于1986年年底利用引进肉鸭父母代和地方良种为育种材料，经过10年选育而成的大型肉鸭商用配套系，分为白羽系和麻羽系。广泛分布于四川、重庆、云南、广西、浙江、湖北、江西、贵州、海南等省区，表现出良好的适应性和优良的生产性能。

图1-2 天府肉鸭

体型硕大丰满，挺拔美观。头较大，颈粗中等长，体躯似长方形，前躯昂起与地面呈30°角，背宽平，胸部丰满，尾短而上翘。母鸭腹部丰满，腿短粗，蹼宽厚。公鸭有2~4根向背部卷曲的性指羽。羽毛丰满而洁白。喙、胫、蹼呈橘黄色。初生雏鸭绒毛黄色，至4周龄时变为白色羽毛。

种鸭一般182天开产，76周龄入舍母鸭年产蛋230~240枚，蛋重85~90克，受精率90%以上，每只种鸭年产雏鸭170~180只，达到肉用型鸭种的国际领先水平。

3. 建昌鸭

建昌鸭（图1-3）原产于四川省凉山彝族自治州。建昌鸭体长，背宽，胸丰满突出，腹较深，尾部丰满，躯干近于方形，喙、脚、蹼为橘黄色。公鸭羽毛为绿灰色，母鸭为黄麻色。

成年公鸭体重 1.6 千克，母鸭 1.7 千克；母鸭年产蛋 120~150 枚或以上，蛋重 70 克。肉鸭经短期填肥，肥肝重达 350~400 克。

图 1-3　建昌鸭

4. 昆山大麻鸭

昆山大麻鸭（图 1-4）属肉蛋兼用型。公鸭体躯长、胸宽而饱满，头大呈方形，头颈部为乌金绿色，上躯及尾部为棕黑色，翼部及下腹部两侧均为芦花色，喙呈淡青绿色，脚橘红色，爪黑色。母鸭颈粗体长，胸宽而深，臀部呈方形，全身麻雀毛色，主翼羽为绿色，喙青灰色，喙边黄绿色，脚橘黄色，爪肉色。

成年公鸭体重约为 3.5 千克，母鸭 3.25 千克。在限制饲养条件下，50% 开产日龄为 200 日龄，年产蛋 140~160 枚，蛋重 80 克，蛋壳多为米黄色，间有青色者。

图 1-4　昆山大麻鸭

5. 高邮鸭

高邮鸭（图1-5）原产于江苏省高邮、宝应等地区，属肉蛋兼用型麻鸭。公鸭头部和颈部的上端为深绿色，颈下部黑色，至腰部转为褐色细芦花纹，前胸棕色，腹部白色，喙淡青色；母鸭为米黄色和麻雀色。公母鸭脚均为橘黄色。雏鸭黄绒毛，黑头星，黑背线，黑尾巴。该鸭潜水觅食能力强，在自然饲料丰足的季节里，以常产双黄蛋著称。生长较快，易肥育且肉质好。成年公鸭体重3~3.5千克，母鸭为2.5~3千克。母鸭180天开产，年产蛋160枚，蛋重平均70~90克。

图1-5 高邮鸭

6. 桂西大麻鸭

桂西大麻鸭是广西壮族自治区（以下称广西）最大型的地方麻鸭品种，属肉用型鸭。主要产于靖西、德保两县，那坡县也有分布。羽色分为深麻色（叫马鸭）、浅麻色（叫凤鸭）、黑背白胸（叫乌鸭）等。头小、颈细长，体躯短近似椭圆形，喙、胫多为黄色或铅色。

桂西大麻鸭适于放牧饲养，与北京鸭相比，胸肉薄，屠宰率低。成年公鸭平均体重2.66千克，母鸭2.47千克，喂混合饲料时，50日龄重达1.7千克，肉料比1∶2.89。母鸭130~140日龄开产，年产蛋160枚，蛋重80~90克。经10~15天育肥，每只平均增重可达0.5~0.7千克。

7. 金定鸭

金定鸭（图1-6）是蛋肉兼用型鸭，原产我国福建省。该鸭体型较小，体躯呈狭长形，头中等大，颈细长，有的颈部有白圈，喙较宽，呈黑色，也有棕黄色及黑褐色。眼大而突出，尾翘，两翼紧贴。公鸭头部蓝绿色，前胸赤棕色，尾羽黑色，腹部灰白色；母鸭全身黄麻色，可分为赤麻、赤眉、白露眉等三种主要类型。脚和蹼橘红色。

图1-6　金定鸭

金定鸭的公鸭生长较慢，成年公鸭体重只有1.6~2千克，母鸭体重1.9~2.4千克。母鸭平均开产日龄在120~130天，平均年产蛋量240~280枚，蛋重60~80克，蛋壳多为绿色，也有灰白色的。金定鸭适应性强，觅食力强，耐盐性高，羽毛防潮性能好，适应放牧，尤其适合于海滩放牧，也适宜水田放牧饲养。

8.巢湖鸭

巢湖鸭主要产于安徽省中部，巢湖周围的庐江、居巢、肥西、肥东等县区。本品种具有体质健壮、行动敏捷、抗逆性和觅食性能强等特点，是制作无为熏鸭和南京板鸭的良好材料。

巢湖鸭体型中等大小，体躯长方形，匀称紧凑。公鸭的头和颈上部羽毛墨绿，有光泽，前胸和背腰部羽毛褐色，缀有黑色条斑，腹部白色，尾部黑色。喙黄绿色，虹彩褐色，胫、蹼橘红色，爪黑色。母鸭全身羽毛浅褐色，缀黑色细花纹，翼部有蓝绿色镜羽，眼上方有白色或浅黄色的眉纹。

成年巢湖鸭体重，公鸭2.1~2.7千克，母鸭1.9~2.4千克。开产日龄为140~160天，年产蛋量160~180个，平均蛋重为70克左右，蛋形指数1.42，壳色白色居多，青色少。肉用仔鸭70日龄体重1.5千克，90日龄体重2千克。公母鸭配比早春为1：25，清明后为1：33，种蛋受精率90%以上。利用年限，公鸭1年，母鸭3~4年。屠宰测定：半净膛为83%，全净膛为72%以上。

（二）国外著名的肉鸭品种

1. 樱桃谷肉鸭

樱桃谷肉鸭（图1-7）是英国樱桃谷农场引入我国北京鸭和埃里斯伯里鸭为亲本，杂交选育而成的配套系鸭种，是世界上著名的肉用鸭品种。具有生长速度快，饲料转化率高，抗病力强，适应性强，肉质好。该品种具有9个品系，其中5个为白羽系，其余为杂色羽系。1981年就开始引进我国，L2型商品代和SM系超级肉鸭深受欢迎，已在全国多个省市饲养，推广面较大，是多年来饲养量较大的快大型肉鸭品种之一。

该鸭外形与北京鸭相似。雏鸭羽毛呈淡黄色，成年鸭全身羽毛白色，少数有零星黑色杂羽；喙橙黄色，少数呈肉红色；胫、蹼橘红色。该鸭体型硕大，体躯呈长方块形；公鸭头大，颈粗短，有2~4根白色性指羽。

图1-7　樱桃谷肉鸭

早期生长极为迅速，5周龄可达2.5千克，料肉比（2.0~2.2）：1。现在培育出的改进型樱桃谷肉鸭在47日龄活重3.4千克。

父母代母鸭 66 周龄产蛋 220 个，蛋重 85~90 克，蛋壳白色。父母代种鸭公母配种比例为 1：(5~6)，受精率 90% 以上，受精蛋孵化率 85%，每只母鸭在 40 周的产蛋期内，可提供商品代雏鸭苗 150~160 只。

2．狄高鸭

狄高鸭（图 1-8）是澳大利亚狄高公司引入北京鸭选育而成的大型肉鸭配套系。1987 年广东省南海县种鸭场引进狄高鸭父母代，生产的商品代肉鸭反应良好。

图 1-8　狄高鸭

狄高鸭的外形与北京鸭相似。全身羽毛白色。头大颈粗，背长宽，胸宽，尾稍翘起，性指羽 2~4 根。

初生雏鸭体重 55 克左右。商品肉鸭 7 周龄体重 3.0 千克，肉料比 1：(2.9~3.0)；半净膛屠宰率 85% 左右，全净膛率（含头脚重）79.7%。

狄高鸭 33 周龄产蛋进入高峰期，产蛋率达 90% 以上。年产蛋量 200~230 个，平均蛋重 88 克。蛋壳白色。公母配种比例 1：(5~6)，受精率 90% 以上，受精蛋孵化率 85% 左右。父母代每只母鸭可提供商品代雏鸭 160 只左右。

3．瘤头鸭（番鸭）

瘤头鸭（图 1-9）又称疣鼻鸭、麝香鸭，中国俗称番鸭。原产于南美洲和中美洲的热带地区。瘤头鸭由海外洋舶引入我国，在福建至少已有 250 年以上的饲养历史。除福建省外，我国的广东、广西、江西、江苏、湖南、安徽、浙江等省区均有饲养。国外以法国饲养最多，占其养鸭总数的 80% 左右。瘤头鸭以其产肉多而日益受到现代家禽业的重视。

图 1-9　瘤头鸭

瘤头鸭体型前宽后窄呈纺锤状，体躯与地面呈水平状态。喙基部和眼周围有红色或黑色皮瘤，雄鸭比雌鸭发达。喙较短而窄，呈"雁形喙"。头顶有一排纵向长羽，受刺激时竖起呈刷状。头大、颈粗短，胸部宽而平，腹部不发达，尾部较长；翅膀长达尾部，有一定的飞翔能力；腿短而粗壮，步态平稳，行走时体躯不摇摆。公鸭叫声低哑，呈"哑哑"声。公鸭在繁殖季节可散发出麝香味，故称为麝香鸭。瘤头鸭的羽毛分黑白两种基本色调，还有黑白花和少数银灰色羽色。

10~12 周龄的瘤头鸭经填饲 2~3 周，肥肝可达 300~353 克，肝料比 1：（30~32）。

母鸭 180~210 日龄开产。年产蛋量一般为 80~120 个，高产的达 150~160 个。蛋重 70~80 克，蛋壳玉白色。公母配种比例 1：（6~8），受精率 85%~94%，孵化期比普通家鸭长，为 35 天左右。受精蛋孵化率 80%~85%，母鸭有就巢性，种公鸭利用期为 1~1.5 年。

4. 海格肉鸭

海格肉鸭是丹麦培育的优良肉鸭品种。该品种肉鸭适应性强，既能水养，又能旱养，特别能较好适应南方夏季炎热的气候条件。

海格肉鸭 43~45 日龄上市体重可达 3.0 千克，肉料比 1：2.8，该鸭羽毛生长较快，45 日龄时，翼羽长齐达 5 厘来，可达到出口要求。海格肉鸭肉质好，腹脂较少，适合对低脂肪食物要求的消费者需求。

五、肉鸭生产的主要设备与维护

（一）肉鸭生产所需要的设备

肉鸭生产所需要的设备相对比较简单，主要有喂料设备、饮水设备、环境控制设备、卫生防疫设备和管理设备等。

1. 喂料设备

肉鸭的喂料设备主要有开食盘、料箱、料桶和料盆等。大型肉鸭专业化生产企业也有自动喂料系统（俗称料线）的。

（1）开食盘 用于雏鸭开食。开食盘为浅的塑料盘，一般可以用小号料桶的底盘作为开食盘使用。也有用长方形搪瓷盘作为开食盘的，见图 1-10。

图 1-10 开食盘

（2）料箱 由木板和木条制成，包括料箱和料槽（底盘）两部分。料槽长度常用的有 1 米、1.5 米和 2 米的。不同日龄的肉鸭由于体型差异，料槽的深度和宽度应有区别，料槽太浅容易造成饲料浪费，太深影响采食。育雏期料槽边缘的高度一般为 5 厘米左右，青年鸭和成年鸭料槽深度分别约为 10 厘米和 15 厘米。各种类型料槽底部宽度为 35~45 厘米，上口宽度比底部宽 5~10 厘米。料箱安装在料槽的中间，高度 25~35 厘米，箱体顶部宽度约 30 厘米、底部宽度约 20 厘米，安放在料槽底部后料箱的边缘与料槽的边框之间有 10~15 厘米的距离。在料槽的正中间用木板钉成三角形挡片，处于料箱的下部正中。当料箱内添加饲料后，饲料沿三角形挡片向两侧下滑，进入料槽供鸭采食。

（3）料桶 可用养鸡的料桶代替，主要用于 21 日龄前肉鸭的饲养。

（4）料盆 料盆口宽大，适合鸭的采食特点，是使用较普遍的喂料设备。常用塑料盆，价格低，便于冲洗消毒。直径 40~45 厘米，高度 10~20 厘米，盆底可适当垫高 5~10 厘米，防止饲料浪费。主要用于饲喂 3 周龄以后的肉鸭和肉种鸭。

（5）料槽 鸡用料槽不适于饲养肉鸭，主要因宽度偏小，影响鸭的采食和造成饲料的浪费。有室外运动场的鸭舍常在运动场用砖和水泥砌成料槽，料槽的深度约 15 厘米、宽度 15~20 厘米，用于 1 月龄以上鸭群的饲喂。

（6）螺旋弹簧式喂料机 广泛应用于平养鸭舍。电动机通过减速器驱动输料圆管内的螺旋转动，料箱内的饲料被送进输料圆管，再从圆管中的各个落料口掉进圆食槽。由料箱、螺旋弹簧、输料管、盘桶式料槽、带料位器的料槽和传动装置组成。螺旋弹簧和盘桶式料槽是其主要工作部件。螺旋弹簧为锰钢材质，多数采用矩形断面，也有圆形断面，前者推进效率高，矩形断面尺寸 8 毫米 ×3 毫米，圆形断面直径为 5 毫米。螺旋弹簧外面套有输料管，输料管的上方安装防栖钢丝，下方等距离地开设若干个落料口，落料口直径与盘桶式料槽相连，输料管末端安装带料位器的盘桶式料槽，其料位器采用簧管式。

2. 饮水设备

肉鸭养殖中常用的饮水设备有水槽、水盆、真空饮水器、乳头式饮水器和吊塔式饮水器。

（1）水槽 可以用于 10 日龄以上的鸭群，有两种形式。一是将直径为 12~15 厘米的聚乙烯水管的上 1/3 部分切掉呈槽状，但是每隔 1 米要留下一处宽约 7 厘米的圆环状，起到固定水槽形状的作用；在水槽的下部用木条做支架（每间隔1米放1个支架）固定水槽。这种水槽可以用于地面垫料平养和网上平养的饲养方式。

另一种是用砖和水泥砌成，设在鸭舍内的一侧。其宽度20厘米左右，深约15厘米，沿水槽底部纵轴有2°的坡度，便于水从一端流向另一端。这种水槽适用于地面垫料平养方式。

为了防止鸭进入水槽，可以在水槽的侧壁安设金属或竹制栏栅，高50厘米，栅距约6厘米。

（2）水盆　可以使用普通的洗脸盆。为了防止鸭跳入水盆，可以在盆外罩上上小下大的圆形栅栏，适用于4周龄以上的鸭群。

（3）真空饮水器　真空饮水器为塑料制品，规格有多种，使用方便、卫生，可以防止饮水器洒水将垫料弄湿。主要用于1月龄以内的肉鸭。

（4）乳头式饮水器　有肉鸭专用乳头式饮水器。使用过程中要随鸭体格的长大而经常调整高度。适用于各种类型和日龄的肉鸭，标准化肉鸭养殖场常用。

（5）吊塔式饮水器　悬吊于房顶，与自来水管相连，不需人工加水。随着肉鸭日龄的增加需要逐渐提高高度。

3. 温控设备

（1）地下火道　是普通大棚肉鸭养殖过程中使用较多、效果较好的一种加热设备。在鸭舍的一端设置炉灶，炉坑深约1.5米，炉膛比鸭舍内地面低50厘米，在鸭舍的另一端设置烟囱。炉膛与烟囱之间由3~5条管道相连，管道均匀分布在鸭舍内的地下，一般管道之间的距离在1.5米左右。靠近炉膛处管道上壁距地面约25厘米，靠近烟囱处距地面约7厘米。

使用地下火道加热方式的鸭舍，地面温度高、室内温度低。缺点是老鼠易在管道内挖洞而阻塞管道；另外，管道设计不合理时舍内温度不均匀。

（2）地上水平烟道　也称火笼。地上水平烟道是在育雏舍墙外建一个炉灶，根据育雏舍面积的大小，在室内用砖砌成1个或2个烟道，一端与炉灶相通（图1-11）。烟道排列形式因房舍而定。烟道另一端穿出对侧墙后，沿墙外侧建一个较高的烟囱，烟囱应高出鸭舍1米左右，通过烟道对地面和育雏舍空间加温。烟道供温应注意烟道不能漏气，以防煤气中毒。烟道供温时室内空气新鲜，粪便干燥，可减少疾病感染，适用于广大农户养鸭和中小型鸭场，对平养和笼养均适宜。

图1-11　用砖垒成的地上水平烟道

（3）煤炉供温　煤炉由炉灶和铁皮烟筒组成。使用时先将煤炉加煤升温后放进育雏舍内，炉上加铁皮烟筒，烟筒伸出室外，烟筒的接口处必须密封，以防煤气中毒，同时注意防火。此方法适用于较小规模的养鸭户使用，方便简单。

标准化肉鸭养殖，可以使用燃气式供暖炉（图1-12）或燃煤式供暖炉（图1-13）。

图1-12　燃气式供暖炉

图1-13　燃煤式供暖炉

（4）保温伞　由伞部和内伞两部分组成。伞部用镀锌铁皮或纤维板制成伞状罩，内伞有隔热材料，以利于保温。热源用电阻丝、电热管或煤炉等，安装在伞内壁周围，伞中心安装电热灯泡。直径为2米的保温伞可养雏鸭250~400只。保温伞育雏时要求室温24℃以上，伞下距地面高度5厘米处温度35℃，雏鸭可以在伞下自由出入。此种方法一般用于平面垫料育雏。

（5）红外线灯泡加热　利用红外线灯泡散发出的热量育雏，简单易行，被广泛使用。为了增加红外线灯的取暖效果，可在灯泡上部制作一个大小适宜的保温灯罩，红外线灯泡的悬挂高度一般离地25~30厘米。1只250瓦的红外线灯泡在室温25℃时一般可供100只雏鸭保温，舍温20℃时可供70只雏鸭保温。

（6）暖风炉与冷风机　炉体安装在舍外，由管道将热气送入舍内，主要燃料为煤。暖风炉使用效果好，但安装成本较高。还有一种是使用锅炉将水加热后通过管道输送到鸭舍，每间隔2米安装1个散热片，散热片的后面有小风机将散热片散发的热量吹散到鸭舍内。暖风炉一般用于饲养量较大的鸭舍。

冷风机，具有降温效果好、湿润净化空气，低压、大流量、耗电省、噪声低、制冷快，运转平稳、安全可靠、运行成本低、操作简单、维护方便的优点。

（7）湿帘降温设备　湿帘纸采用独特的高分子材料与木浆纤维分子间双重空间交联，并用高耐水、耐火性材料胶结而成。既保证了足够的湿挺度、高耐水性能，又具有较大的蒸发比表面积和较低的过流阻力损失。波纹纸经特殊处理，结构强度高，耐腐蚀，使用周期长。具有优良的渗透吸水性，可以保证水均匀淋透整个湿帘墙特定的立体空间结构，为水与空气的热交换提供了最大的蒸发面积。

使用时将湿帘安装在鸭舍的前端，将大流量轴流风机安装在鸭舍末端。风机启动时舍外空气通过湿帘进入鸭舍，当空气经过湿帘的过程中发生热交换，空气湿度降低3~5℃，是肉鸭标准化养殖场户夏季高温期降低鸭舍温度的重要措施。

（8）湿帘风机　由表面积很大的特种纸质波纹蜂窝状湿帘、高效节能风机、水循环系统、浮球阀补水装置、机壳及电器元件等组成。

其降温原理是：当风机运行时冷风机腔内产生负压，使机外空气流进多孔湿润、有着优异吸水性的湿帘表面进入腔内，湿帘上的水在绝热状态下蒸发，带走大量潜热，迫使过帘空气的干球温度比室外干球温度低3~8℃（干热地区可达10℃），空气越干热，其温差愈大，降温效果越好。其运行成本低，耗电量少，降温效果明显，空气新鲜，使用环境可以不关闭门窗。

（9）喷雾降温系统　系统由连接在管道上的各种型号的雾化喷头、压力泵组成。

喷雾降温系统，是一套非常高效的蒸发系统，它通过高压喷头将细小的雾滴喷入鸭舍内。随着湿度的增加，热能（太阳光线 + 鸭体热）转化为蒸发能，数分钟内温度即降至所需值。由于所喷水分都被舍内空气吸收，地面始终保持干燥。这种系统可同时用作消毒用，因此，增进鸭的健康。由于本系统能高效降温，因此可减少通风量以节约能源。当要求舍内的小环境气候既适宜又卫生时，可全年进行使用。本系统有夏季降温、喷雾除尘、连续加湿、环境消毒、清新空气、全年控制的特点。

4.通风设施

通风的主要目的是用舍外的清新空气更换舍内的污浊空气，降低舍内空气湿度，缓解夏季热应激。

通风方式可分为自然通风和机械通风。自然通风是靠空气的温度差、风压，通过鸭舍的进风口和排风口进行空气交换的。机械通风由进风口和排风扇组成，也有使用吊扇的。

（1）低压大气流轴流风机　是目前在畜禽舍建造上使用较多的风机类型，国内有不少企业都可以生产，表1-1显示了某些型号风机的技术参数。

表1-1　低压轴流风机的技术参数

型号	叶轮直径（毫米）	叶轮转速（转/分）	电机功率（千瓦）	风量（米³/小时）	噪声（分贝）	外形尺寸（毫米）
9FZJ-1400	1 400	310	1.5	60 000	<76	1 550 × 1 550 × 441

（续表）

型号	叶轮直径（毫米）	叶轮转速（转/分）	电机功率（千瓦）	风量（米³/小时）	噪声（分贝）	外形尺寸（毫米）
9FZJ-1250B	1 250	350	0.75	42 000	<76	1 400 × 1 400 × 432
9FZJ-900	900	450	0.45	27 500	<76	1 070 × 1 070 × 432
9FZJ-710	710	636	0.37	13 000	<76	815 × 815 × 432
9FZJ-560	560	800	0.25	9 000	<71	645 × 645 × 412

注：转速及流量均为静压时的数据

低压轴流风机所吸入的和送出的空气流向与风机叶片轴的方向平行。其优点主要有：动压较小、静压适中、噪声较低，流量大、耗能少、风机之间气流分布均匀。在大、中型畜禽舍的建造中多数都使用了这种风机。

（2）环流通风机　广泛应用于温室大棚、畜禽舍的通风换气，尤其对封闭式棚舍湿气密度大、空气不易流动的场所，按定向排列方式作接力通风，可使棚舍内的湿热空气流动更加充分，降温效果极佳。该产品具有低噪声，风量大且柔和，低电耗，效率高，重量轻，安装使用方便等特点。

（3）吊扇　主要用途是促进鸭舍内空气的流动，饲养规模较小的鸭舍在夏季可以考虑安装使用。

5. 照明设备

肉鸭生产中照明的目的在不同的生长阶段是不一样的，雏鸭阶段是为了方便采食、饮水、活动和休息，防止发生停电应激；肉种鸭青年期主要是控制性成熟；成年阶段则主要是刺激生殖激素的合成和分泌，提高繁殖性能。

（1）人工照明设备

① 灯泡。生产上使用的主要是白炽灯泡，个别有使用日光灯的。日光灯的发光效率比白炽灯高，40 瓦的日光灯所发出的光相当于 80 瓦

的白炽灯。日光灯的价格较高，低温时启动受影响。没有安装光照自动控制系统的鸭舍，要求在鸭舍内将灯泡成列安装，灯泡之间的距离为 3 米左右，每列灯泡由一个电闸控制。灯泡距地面或网床床面 1.7米左右。

②　光照自动控制仪。也称 24 小时可编程序控制器，根据需要可以人为设定灯泡的开启和关闭时间，免去了人工开关灯所带来的时间误差及劳动量。如果配备光敏元件，在鸭舍需要光照的期间还可以在自然光照强度足够的情况下自动开关灯，节约电力。

（2）自然光照控制　生产中，有的时候自然光照显得时间长（如 12~20 周龄的青年种鸭处于 6—7 月时）或强度大，需要调整。一般的控制方法是在鸭舍的窗户上挂上深色窗帘，人为开启调控。

6. 卫生消毒用具

（1）喷雾消毒器　有多种类型，一般由农业喷雾器或畜禽舍专用消毒喷雾器等，主要用于鸭舍内外环境的喷洒消毒。

（2）高压冲洗设备　在大型肉鸭场还要配备高压消毒、冲洗设备，用于出栏后的鸭舍和场内道路、车辆的冲洗和消毒。

（3）紫外线灯　用于人及其他物品的照射消毒，功率为 40~90 瓦。一般安装在生产区入口处的消毒室内，也可以安装在禽舍的进口处。它所发出紫外线可以杀灭空气中及物体表面的微生物。

（4）火焰消毒器　对地面、墙壁、铁丝围网等进行消毒。

7. 运动场建设

在鸭棚的前屋檐下、舍内外结合部设置饮水槽，槽口大小在 15 厘米内，使雏鸭能饮到水为宜，也可使用自动饮水设备。水槽四周要用水泥硬化，同时修建有漏水盖板的排水沟，以便冲洗消毒。鸭舍内要保持良好通风，保持适当的温度和湿度。

肉鸭饲养在大棚内属于旱养，但如果大棚前有宽敞的活动空间，也可以设置运动场（图 1-14、图 1-15）。如能再设置较浅的水面，对于夏季大棚养肉鸭有一定好处，尤其对于 4 周龄以上的肉鸭。天气炎热时，可用刚抽取的深井水使鸭子通过洗浴来降温，但必须是长流水，这样有利于肉鸭饮用清洁的凉水增进采食，促进增重。但是，肉鸭在进入大棚前需要在运动场晾干羽毛，避免把水带入鸭舍，弄脏弄湿垫料。其他季节一般不使用水面运动场。

图 1-14　大棚外的简易运动场

图 1-15　大棚外的简易运动场

8.免疫接种用具

在肉鸭生产中，免疫接种最常使用的是连续注射器和普通注射器，可用于皮下或肌内注射接种疫苗。滴鼻、点眼或滴口接种疫苗时，常使用胶头滴管。

（二）肉鸭生产设备的维护与保养

任何设备都有使用期限，任何设备都有可能出现故障，对其维护、保养得好坏，决定着设备使用寿命的长短，决定着生产效益的高低。因此对设备的检查、清洗要及时，保养要到位。对设备进行定期检查，小修及时，大修准时，努力减少计划外检修，以此提高设备的完好率，保证生产的正常运行。一批肉鸭出栏后，要安排指定专人负责设备检修和保养，不可麻痹大意，保障下一批进鸭后，设备能正常运转。

设备的维护和保养要结合设备使用说明书，不同的区域、不同的养殖场设备不一样，这里列举几个重要设备的维护保养，仅供参考。

1.水线的维护和保养

首先保证水线有合理的压力，压力过大过小都不好。压力过大，肉鸭饮水时，乳头容易喷水，浪费饮水和药物；压力过小，水不能到达水线的另一端。其次是保证每个乳头都处于正常的工作状态，不堵、不滴、不漏。水线的日常维护如下。

（1）定期冲洗水线、过滤器　冲洗水线时先把水线中间或两端的阀门打开，防止水线压力突增而破坏，然后把解压阀置于反冲状态，同时要求水流有足够大压力，一条一条地逐条冲洗，每条水线冲洗的时间不少于15分钟，直至流出的都是清澈的水为止；平时每2~3天冲洗一次，用药多时1~2天冲洗一次。

（2）药物的过滤　用药时要先在水桶里把药物溶解好，再通过过滤布倒入加药器中。过滤布可选用纱布，减少药水如含有多维、中药口服液的药水对水线堵塞的概率。

（3）乳头和过滤器勤清洗　勤于检查乳头和过滤器，并及时更换工作不正常的或坏掉的乳头和过滤器，保证水线管道接口良好、无滴水和漏水现象；过滤器要勤于换洗过滤网，保证过滤性能良好；及时调整水线的高度，保持饮水乳头和鸭的眼睛相平。

（4）肉鸭出栏后的维护保养　肉鸭出栏后要对水线进行彻底的清理，包括饮水管道和过滤器。可选用专用的粘泥剥离剂等制剂对水线进行浸泡，浸泡过程中水线内始终保持药水充盈，浸泡足够时间后用有足够大压力的清水进行反复冲洗，直到冲洗干净为止。对于难于冲洗干净的可分解水线管道，从接口处解开，然后用钢丝拴系棉球，在水线内拉动，然后用清水冲洗。

横向饮水管道因为没有饮水乳头，清洗过程中最容易被忽视。横向管道因长时间使用，内部同样会沉淀下很多粘泥堵塞管道，造成管腔狭窄，导致水线压力降低、供水不足、乳头缺水的现象。因此，也必须彻底清洗。

2. 料线的维护和保养

注意检查料盘是否完好，防止料盘脱落浪费饲料；在料线打料的过程中，切忌把手伸入辅料线管腔中，防止绞龙绞破手指。

料塔要做好防水工作，以免饲料发霉或结块，影响饲料质量和饲料的传送。夏季，要注意料塔不可一次贮料过多，随用随加，同时做好隔热处理，防止料塔内高温影响饲料的质量和品质。

3. 暖风炉

（1）随时检查水位　随时检查补水箱的水位，保证补水箱内始终有水，并做到及时添加，防止因缺水干烧而烧坏暖风炉；及时排净热水循环管和辅机中的气体，保持辅机内热水的正常循环。定时检查辅机进水管和出水管的接口是否牢固，防止接口松动而流水，导致暖风炉缺水被烧坏。

（2）停电后的管理　当停电时，由于循环水泵停止工作，暖风炉中的热水便停止循环，炉腔内的热水变成死水，很快便会被烧开而发生热水喷溢，这样炉子极容易被烧坏，而且再次通电后由于热水循环管中因缺水进气，导致辅机中有气体存在出现辅机不热。所以停电后要立刻关闭暖风炉风门，打开添炭的炉门，并用碎灰封上炉火，把电脑置于停止状态；待电恢复供应时，再次给辅机、热水循环管进行排气，同时查看补水箱，注意补水，一切正常后再把暖风炉置于正常工作状态，把电脑置于自动控制状态。

（3）检查炉灰和烟囱　当暖风炉停止使用时，要彻底清理炉膛和炉腔中的煤灰，防止因炉灰填满炉腔，导致炉火不能有效加热热风管而出凉风，影响供暖效果；仔细检查烟囱，尤其是烟囱的接口、烟囱的背面，查看是否有漏烟的地方、及时修缮或更换，防止进鸭后烟囱冒烟或外漏有害气体，肉鸭造成危害。

（4）辅机检查与维护　对于水暖辅机，在使用过程中，要勤于排气，保持热水畅通和良好的散热功能。对于出栏后辅机的清理工作，要卸开辅机，彻底清理辅机上粘附的舍内粉尘，如果用水清洗要注意保护电机，并注意水压不可过大而把散热片喷坏，清理完后，用气枪吹干，防止叶片生锈或轴承锈死。再次进鸭时，提前用手转动风叶，然后再通电工作，防止因轴承生锈而烧坏电机。

（5）温度探头的检查　勤于检查温度探头位置，做好温度探头的防水工作，保证温度探头灵敏，所反映的温度正确。

4. 风机和进风口

要定期检查风机的转速是否正常，传送带的松紧程度是否合适，风机外面的百叶窗开启和关闭是否良好，并定期往轴承上涂抹润滑油，保证风机正常工作，并避免因百叶窗关闭不好，往舍内倒灌凉风的现象。对于进风口要定期查看，要求关闭良好，有问题及时修缮。

5. 发电机及配电设备的维护

定期检查和使用，保证良好的工作状态，做到随开随用，要用能开；同时备好燃料油、水、防冻液、维修工具、常用配件等。对中型以上的规模养殖场，要有两台备用的发电机组，其中一台一旦出现故障，另一台保证能正常使用。

所有配电设备做好防水，尤其是冲刷鸭舍的时间；并定期检查接头是否良好、有无老化和漏电现象。对容易腐蚀的金属设备要定期涂刷防锈漆，延长其使用寿命。对于高负荷运转的风机、电机、刮粪机要经常涂抹润滑油，做好定期保养。

对于规模化肉鸭养殖场，一旦停电，整个养殖过程就会陷入瘫痪状态。突然停电容易造成鸭群应激，出现鸭群扎堆死亡现象；饮水系统停止供水，喂料系统停止供料，供暖设备停止供暖，通风系统风机停转；如果是在饲养前期，鸭群容易感冒，诱发呼吸道疾病；规模化肉鸭场为封闭式鸭舍，如果停电发生在夏季，且在饲养的后期，由于风机停转、湿帘不能降温，中暑随时可能发生。为了确保生产的稳定，避免事故的发生，可采取对鸭群定时停电训练的方法，加强鸭群对应激的适应能力。

6. 门窗的开启和关闭

随时检查门窗的开启和关闭情况、烟囱的完好情况，对于出现问题者要做到及时修缮。

技能训练

肉鸭品种的识别。

【目的要求】能识别常见几个肉鸭的品种。

【训练条件】提供肉鸭、标本、品种图片或幻灯片等材料。

【操作方法】展示活鸭或标本，放映肉鸭品种图片或幻灯片，识别每个常见品种，并了解其主要生产性能。

【考核标准】

1. 根据以下活鸭或标本、品种图片或幻灯片，能正确识别品种。

国内主要品种，如北京鸭、天府肉鸭、建昌鸭、昆山大麻鸭、高邮鸭、桂西大麻鸭、金定鸭、巢湖鸭等；国外主要品种，如樱桃谷肉鸭、狄高鸭、瘤头鸭（番鸭）、海格鸭等。

2. 能说出主要肉鸭品种及其主要生产性能和主要的优缺点。

思考与练习

1. 肉鸭饲养有哪些岗位职责？有哪些素质要求？

2. 简述肉鸭的消化生理特点。

3. 简述肉鸭的生物学特性及行为习性。

4. 日常管理中，应如何维护水线？

第二章　肉鸭饲料与使用

知识目标

1. 了解肉鸭常用的饲料种类及特点。
2. 熟悉主要饲料原料选择的质量标准。
3. 掌握安全贮藏肉鸭饲料的方法。
4. 学会肉鸭饲料质量的感官鉴定方法。

技能要求

学会识别和选择优质饲料原料。

第一节　肉鸭常用的饲料原料

一、能量饲料

动物机体为维持生命和生产活动，均需一定的能量。饲料中的糖类、脂肪和蛋白质中都蕴藏着能量。饲料中的能量不是一种营养素，而是能产生能量的营养素在代谢过程中，被氧化时的一种特性。

能量饲料是指每千克饲料干物质中消化能 10 465 千焦以上的饲

料。消化能值在 12 558 千焦以上的为高能饲料，在 12 558 千焦以下的为低能饲料。

能量饲料包括植物性能量饲料和油脂类能量饲料两大类，具体有以下几种。

1. 谷实类饲料

谷实类饲料的突出特点是淀粉含量高，粗纤维含量少，故可利用能值高。谷实类饲料是为畜禽提供能量的主要来源，占全价配合饲料和精料混合料的配比最高。

（1）玉米　又名苞米、苞谷等，为禾本科玉米属一年生草本植物。玉米的亩产量高，有效能量多，是最常用而且用量最大的一种能量饲料。

玉米中养分含量与营养价值参见表 2-1。

表 2-1　一些谷实饲料中养分含量（%）

饲料	干物质	粗蛋白质	粗脂肪	无氮浸出物	粗纤维	粗灰分	钙	总磷
玉米	86	8.7	3.6	70.7	1.6	1.4	0.02	0.27
小麦	87	13.9	1.7	67.6	1.9	1.9	0.03	0.41
稻谷	86	7.8	1.6	63.8	8.2	4.6	0.03	0.36
糙米	87	8.8	2	74.2	0.7	1.3	0.06	0.35
碎米	88	10.4	2.2	72.7	1.1	1.6	0.09	0.35
皮大麦	87	11	1.7	67.1	4.8	2.4	0.04	0.33
裸大麦	87	13	2.1	67.7	2	2.2	0.13	0.39
高粱	86	9	3.4	70.4	1.4	1.8	—	0.36
燕麦全粒	87	10.5	5	58	10.5	3	—	—
除壳燕麦	87	15.1	5.9	61.6	2.4	2	0.12	—
粟	86.5	9.7	2.3	65	6.8	2.7	0.05	0.3
甜荞麦	83.2	9.6	1.8	59.2	9.7	2.9	0.08	0.26

玉米产量高，饲用价值也高，含碳水化合物 70% 以上，脂肪 3.5%~4.6%，属高能饲料；但蛋白质含量少，一般为 7%~9%，其品质较差，尤其是赖氨酸、蛋氨酸和色氨酸不足；灰分中钙含量少，为 0.01%~0.05%，磷的含量为 0.2%~0.3%，比其他禾谷类低，且磷多以植酸盐的形式存在，对单胃动物来说利用率很低；维生素方面，玉米含有较多的维生素 E 和维生素 B_1，其他 B 族维生素含量较低，玉米籽实颜色有黄白之分，黄玉米中含有较多的胡萝卜素和叶黄素，叶黄素有助于改善家禽皮肤与蛋黄的着色。

（2）大麦　有带壳和不带壳两种，通常的大麦是指带壳的，其代谢能约为每千克 11.30 兆焦，不带壳的大麦代谢能约为每千克 11.72 兆焦。大麦适口性好，含粗纤维 5% 左右，可促进动物胃肠蠕动，维持正常消化机能，猪、禽、草食动物都很爱吃。大麦蛋白质含量较高，约为 71%，赖氨酸、色氨酸和异亮氨酸含量均比玉米高。大麦的亚油酸和维生素含量均偏低。

我国所产大麦多作为啤酒酿造原料，用作饲料的数量较少。如果价格合算，在配制饲料时应选择大麦取代部分玉米。

（3）小麦　按栽培季节，可将小麦分为春小麦和冬小麦。按籽粒硬度，可将小麦分为硬质小麦、软质小麦。小麦在我国为用量第二大的能量饲料。

小麦有效能值高，鸭代谢能为 12.89 兆焦 / 千克。粗蛋白质含量居谷实类之首位，一般达 12% 以上，但必需氨基酸尤其是赖氨酸不足，因而小麦蛋白质品质较差。无氮浸出物多，在其干物质中可达 75% 以上。粗脂肪含量低（约 1.7%），这是小麦能值低于玉米的原因之一。矿物质含量一般都高于其他谷实，磷、钾等含量较多，但一半以上的磷以植酸磷形式存在，动物很难直接利用。小麦中非淀粉多糖（NSP）含量较多，可达小麦干重 6% 以上。小麦非淀粉多糖主要是阿拉伯木聚糖，这种多糖不能被动物消化酶消化，而且有黏性，在一定程度上影响小麦的消化率，因此在用小麦配制肉鸭饲料时最好添加木聚糖酶等酶制剂，以提高小麦的利用率。

次粉是以小麦为原料磨制各种面粉后获得的副产品之一，比小麦麸营养价值高。由于加工工艺不同，制粉程度不同，出麸率不同，所以次粉成分差异很大。因此，用小麦次粉作饲料原料时，要对其成分与营养价值实测。

小麦对鸭的适口性好，日粮中适当使用小麦，不仅能减少饲粮中蛋白质饲料的用量，而且可提高肉质，但应注意小麦的消化能值低于玉米。同时注意制作鸭饲料时最好用陈小麦，当年收获的小麦要慎用。

（4）稻谷和糙米　稻谷是我国最重要的谷物，约占我国粮食产量的1/2。在我国南方一些玉米供应不足的地区常用稻谷、糙米、碎米和陈大米作饲料。

稻谷的代谢能值低，每千克仅10.5~10.9兆焦。稻谷和糙米的唯一区别是稻壳之有无，稻壳是谷物外皮中营养最低者，成分主要是木质素和硅酸，稻壳约占稻谷的20%~25%。由于稻壳难以消化，故不宜用作饲料。稻谷脱壳为糙米，糙米的代谢能约为每千克14兆焦，与玉米相当。糙米的蛋白质含量和氨基酸组成与玉米等谷物相当，糙米含脂肪约2%，糙米中矿物质含量少，所含磷约70%为植酸磷，利用率稍低。B族维生素含量较高，但β-胡萝卜素极少。

2. 糠麸类

（1）米糠　水稻加工大米的副产品，称为稻糠。稻糠包括砻糠、米糠和统糠。砻糠是稻谷的外壳或其粉碎品。稻壳中仅含3%的粗蛋白质，但粗纤维含量在40%以上，且粗纤维中半数以上为木质素。米糠是除壳稻（糙米）加工的副产品。统糠是砻糠和米糠的混合物。例如，通常所说的三七统糠，意为其中含三份米糠，七份砻糠。二八统糠，意为其中含二份米糠，八份砻糠。

米糠是糙米精制时产生的果皮、种皮、外胚乳和糊粉层等的混合物。果皮和种皮的全部、外胚乳和糊粉层的部分，合称为米糠。米糠的品质与成分，因糙米精制程度而不同，精制的程度越高，米糠的饲用价值越大。

米糠、米糠饼、米糠粕中养分含量参见表2-2。

表2-2 小麦麸和米糠中各养分含量（%）

类别	干物质	粗蛋白质	粗脂肪	无氮浸出物	粗纤维	粗灰分	钙	总磷
小麦麸	87.0	15.7	3.9	56.0	6.5	4.9	0.11	0.92
米糠	87.0	12.8	16.5	44.5	5.7	7.5	0.07	1.43
米糠饼	88.0	14.7	9.0	48.2	7.4	8.7	0.14	1.69
米糠粕	87.0	15.1	2.0	53.6	7.5	8.8	0.15	1.82

米糠中粗蛋白质含量较高，约为13%，氨基酸的含量与一般谷物相似或稍高于谷物，但其赖氨酸含量高。脂肪含量高达10%~17%，脂肪酸组成中多为不饱和脂肪酸。粗纤维含量较多，质地疏松，容重较轻。但米糠中无氮浸出物含量不高，一般在50%以下。米糠中有效能较高，如含代谢能（鸭）为10.92兆焦/千克。有效能值高的原因显然与米糠粗脂肪含量高达10%~18%有关，脱脂后的米糠能值下降。所含矿物质中钙少磷多，钙、磷比例极不平衡（1∶20），但80%以上的磷为植酸磷。B族维生素和维生素E丰富。

（2）小麦麸 俗称麸皮，是以小麦籽实为原料加工面粉后的副产品。小麦麸的成分变异较大，主要受小麦品种、制粉工艺、面粉加工精度等因素影响。小麦麸中养分含量与营养价值参见表2-2。

粗蛋白质含量高于小麦，一般为15%左右，氨基酸组成较佳，但蛋氨酸含量少。与原粮相比，小麦麸中无氮浸出物（60%左右）较少，但粗纤维含量高，达到10%，甚至更高。正是这个原因，小麦麸中有效能较低。灰分较多，所含灰分中钙少（0.1%~0.2%）磷多（0.9%~1.4%），钙、磷比例（约1∶8）极不平衡，但其中磷多为（约75%）植酸磷。另外，小麦麸中铁、锰、锌较多。由于麦粒中B族维生素多集中在糊粉层与胚中，故小麦麸中B族维生素含量很高，如含核黄素3.5毫克/千克，硫胺素8.9毫克/千克。

3. 块根、块茎及瓜类

此类饲料的营养特点是水分含量高，一般为70%~90%。作为能量饲料利用主要是除去水分后的根、茎、瓜类。

（1）甘薯 又叫红薯。甘薯粉干物质（90%）中，可溶性碳水化合物占80%。其中绝大部分是淀粉。粗蛋白质含量为2%~4%，代谢能水平为每千克11.72兆焦，配料时只能少量利用。但与尿素、高蛋白补充料配伍，有显著的优越性。

（2）木薯 木薯粉干物质中大约90%是可溶性碳水化合物，而且绝大部分也是淀粉。木薯粉的蛋白质含量很少，仅3.8%左右；粗纤维含量也很少，仅2.8%左右；几乎不含脂肪。除了甘薯和木薯之外，还有马铃薯、甜菜、胡萝卜等，它们的干物质中均含有丰富的糖、淀粉，能量较高，蛋白质含量低，均具有能量饲料的一般共性。

4. 饲用油脂

种类较多，按室温下形态分，液态的为油，固态的为脂；按脂肪来源，可分为动物性脂肪和植物性脂肪。动物性脂肪主要有牛、羊、猪、禽脂肪和鱼油，植物性脂肪包括大豆油、菜籽油、玉米油、花生油等。油脂容易酸败，尤其是夏季，因此饲料中添加油脂时一定注意其质量。

鸭饲料中添加油脂主要是提高日粮的能量水平、减少粉尘、降低饲料加工设备的磨损及改善饲料风味等作用。油脂的饲用价值主要有油脂的有效能值高，油脂总能和有效能远比一般的能量饲料高。脂肪提供的能量大概是等量碳水化合物的2.25倍。因此，油脂是配制高能量饲粮的首选原料。植物油、鱼油等富含动物所需的必需脂肪酸，它们常是动物必需脂肪酸的最好来源。同时油脂可作为动物消化道内的溶剂，促进脂溶性维生素的吸收。在血液中，油脂有助于脂溶性维生素的运输。添加油脂，能增强饲粮风味，改善饲粮外观，防止饲粮中原料分级。此外，油脂还能减轻热应激，减少粉尘，改善制粒效果，减少混合机、制粒机的磨损等。

二、蛋白质饲料

凡干物质中粗蛋白质含量达20%以上的饲料均称为蛋白质饲料。这类饲料粗纤维含量低，有机物易消化，能值高。蛋白质饲料包括植物性蛋白质饲料和动物性蛋白质饲料两大类。

（一）植物性蛋白质饲料

植物性蛋白质饲料可分为三类，即豆科籽实、油料饼粕类和其他制造业的副产品。这类饲料的特点是：蛋白质含量高、品质好，其利用率是谷类的1~3倍；粗脂肪含量变化大，油料籽实在30%以上，非油料籽实只有1%左右，饼粕类为1%~10%；粗纤维含量较低，矿物质含量与谷类籽实近似，钙少磷多，且主要为植酸磷；维生素中B族较丰富，而维生素A、维生素D较缺乏。此类饲料大多含一些抗营养因子，经适当加工调制可以提高其饲喂价值。

1. 大豆、大豆饼（粕）

大豆为双子叶植物纲豆科大豆属一年生草本植物，原产中国。大豆蛋白质含量为32%~40%。生大豆中蛋白质多属水溶性蛋白质（约90%），加热后即溶于水。氨基酸组成良好，植物蛋白中普遍缺乏的赖氨酸含量较高，但含硫氨基酸较缺乏。大豆脂肪含量高，达17%~20%，其中不饱和脂肪酸较多，亚油酸和亚麻酸可占55%。大豆碳水化合物含量不高，无氮浸出物仅26%左右。纤维素占18%。矿物质中钾、磷、钠较多，但60%的磷为不能利用的植酸磷。铁含量较高。维生素与谷实类相似，含量略高于谷实类；B族维生素含量较多而维生素A、维生素D少。

生大豆中存在多种抗营养因子，其中加热可被破坏者包括胰蛋白酶抑制因子、血细胞凝集素、抗维生素因子、植酸十二钠、脲酶等。加热无法被破坏者包括皂苷、胃肠胀气因子等。此外大豆还含有大豆抗原蛋白，该物质能够引起动物肠道过敏、损伤，进而发生腹泻。

生大豆饲喂畜禽可导致腹泻和生产性能的下降，加热处理方法得到的全脂大豆对各种畜禽均有良好的饲喂效果，经过加热处理的全脂大豆因其良好的效果在养鸭生产中得到越来越多的应用。

大豆饼（粕）是以大豆为原料取油后的副产物。由于制油工艺不同，通常将压榨法取油后的产品称为大豆饼，而将浸出法取油后的产品称为大豆粕。大豆饼粕粗蛋白质含量高，一般在40%~50%，必需氨基酸含量高，组成合理。赖氨酸含量在饼粕类中最高，为2.4%~2.8%。赖氨酸与精氨酸比约为100∶130，比例较为恰当。大豆饼粕色氨酸、苏氨酸含量也很高，与谷实类饲料配合可起到互补作用。

蛋氨酸含量不足，在玉米—大豆饼粕为主的饲粮中，一般要额外添加蛋氨酸才能满足畜禽营养需求。大豆饼粕粗纤维含量较低，主要来自大豆皮。矿物质中钙少磷多，磷多为植酸磷（约占 61%）。

此外，大豆饼粕色泽佳、风味好，加工适当的大豆饼粕仅含微量抗营养因子，不易变质，使用上无用量限制。大豆粕和大豆饼相比，脂肪含量较低，而蛋白质含量较高，且质量较稳定。大豆在加工过程中先经去皮而加工获得的粕称去皮大豆粕，近年来此产品有所增加，其与大豆粕相比，粗纤维含量低，一般在 3.3% 以下，蛋白质含量为48%~50%，营养价值较高。

大豆饼（粕）成分及营养价值见表 2-3。

表 2-3　大豆饼（粕）成分及营养价值

名　称	大豆饼	大豆粕	名　称	大豆饼	大豆粕
干物质（%）	89.0	89.0	赖氨酸（%）	2.43	2.66
粗蛋白质（%）	41.8	44.0	蛋氨酸（%）	0.60	0.62
粗脂肪（%）	5.8	1.9	胱氨酸（%）	0.62	0.68
粗纤维（%）	4.8	5.2	苏氨酸（%）	1.44	1.92
无氮浸出物（%）	30.7	31.8	异亮氨酸（%）	1.57	1.80
粗灰分（%）	5.9	6.1	亮氨酸（%）	2.75	3.26
钙（%）	0.31	0.33	精氨酸（%）	2.53	3.19
磷（%）	0.50	0.62	缬氨酸（%）	1.70	1.99
非植酸磷（%）	0.25	0.18	组氨酸（%）	1.10	1.09
消化能（猪）（兆焦/千克）	14.39	14.26	酪氨酸（%）	1.53	1.57
代谢能（鸭）（兆焦/千克）	11.05	10.29	苯丙氨酸（%）	1.79	2.23
代谢能（鸡）（兆焦/千克）	10.54	9.83	色氨酸（%）	0.64	0.64

（中国饲料数据库，2002 年第 13 版）

大豆饼（粕）是大豆加工后的产品，也含有一些抗营养因子。评定大豆饼粕质量的指标主要为抗胰蛋白酶活性、脲酶活性、水溶性氮指数、维生素 B_1 含量、蛋白质溶解度等。许多研究结果表明，当大豆饼粕中的脲酶活性在 0.03~0.4 范围内时，饲喂效果最佳。也可用饼粕的颜色来判定大豆饼粕加热程度适宜与否，正常加热时为黄褐色，加热不足或未加热时，颜色较浅或灰白色，加热过度呈暗褐色。

2. 蚕豆、豌豆

这两种豆类的蛋白质含量不如大豆，且粗纤维含量较高，喂前宜蒸煮或炒熟，用量可占日粮的 6%~10%。

3. 花生饼（粕）

营养价值与大豆饼基本相同，略有香甜味，适口性极好。因含脂肪高，故易变质，不宜久存。用量可占日粮的 10%~20%。

4. 油菜籽饼（粕）

含较高的蛋白质，达 34%~38%，氨基酸组成较平衡，含硫氨酸较丰富，且精氨酸含量低，精氨酸与赖氨酸之间较平衡。但赖氨酸含量低，比国外同类产品低 30% 左右，比大豆饼粕低 40% 左右。粗纤维含量高，影响其有效能值。微量元素中含铁较丰富而其他元素含量较少。抗营养因子有硫葡萄糖苷（GS）、芥子碱、植酸、单宁等。经加工调制而成的"双低"菜籽饼粕的营养价值较高，可代替豆粕，但目前我国普通的菜籽饼，因含多种抗营养因子，适口性差，饲喂价值低于豆粕，用量不宜超过日粮的 5%。

5. 棉籽饼（粕）

含粗蛋白较高，达 34% 以上。粗纤维含量较高，达 13.0% 以上。粗脂肪含量较高，是维生素 E 和亚油酸的良好来源，但不利于贮存。其蛋白质中氨基酸组成：精氨酸的含量高达 3.67%~4.14%，但蛋氨酸、赖氨酸含量低，容易产生精氨酸与赖氨酸的拮抗作用，矿物质含量与大豆饼（粕）类似。含有抗营养因子棉酚等，加入 0.5% 硫酸亚铁，可减轻棉酚对鸭的毒害作用。棉籽饼粕的用量不宜超过日粮的 5%。

6. 芝麻饼

粗蛋白质含量达 40% 以上，蛋氨酸含量最高，可达 0.8% 以上，色氨酸也较高。但赖氨酸低，仅 1.0% 左右，精氨酸含量高，为 4.0% 左右。芝麻饼通常具有苦涩味，适口性差，用量不宜超过日粮的 5%，雏鸭应避免使用。将芝麻饼、棉籽饼和花生饼合用，按 15% 比例添加，效果较好。

7. 葵花饼、葵花粕

脱壳后的葵花饼粕蛋白质含量高达41%，与豆饼相当，但若壳脱不净，则粗纤维含量较高，有效能值低，属于低档蛋白质饼粕饲料，饲喂价值较低。

（二）动物性蛋白质饲料

1. 鱼粉

鱼粉是最好的蛋白质饲料之一。优质鱼粉蛋白质品质好，氨基酸含量高，比例平衡，进口鱼粉赖氨酸含量高达5%，国产鱼粉3.0%~3.5%。含粗脂肪5%~12%，一般为8%，海产鱼粉中含大量高度不饱和脂肪酸，具有特殊的营养生理作用。鱼粉中粗灰分含量高，含钙5%~7%，磷2.5%~3.5%。含盐量少则1%，多则达7%以上，配制日粮时应注意鱼粉的含盐量。鱼粉中粗灰分含量越高，表明鱼骨越多，鱼肉越少。灰分超过20%时，可能是非全鱼鱼粉。微量元素中，铁含量最高，达1 500~2 000毫克/千克，其次是锌（100毫克/千克）、硒（3~5毫克/千克）。海产鱼的碘含量高，维生素中B族丰富，尤以B_{12}、B_2含量高。

鱼粉是蛋白质、矿物质、部分微量元素和维生素的良好来源，新鲜鱼粉适口性好，因此，其饲用价值比其他蛋白饲料高，且鱼粉中含有未知因子，能促进动物生长。用鱼粉喂鸭，可使鸭增重快、产蛋多。但由于鱼粉价格昂贵，用量受到限制，通常在日粮中含量低于10%。

使用鱼粉时必须克服因使用不当带来的问题。鱼粉中含较高的组织胺，尤其在沙丁鱼、青花鱼及南美洲的鱼粉中含量特别高，有时达1000毫克/千克以上，在生产过程中，直火干燥或加热过度可使组织胺与赖氨酸结合，形成糜烂素。使用含糜烂素的鱼粉，可发生家禽患肌胃糜烂症：嗉囊肿大、肌胃糜烂、溃疡与穿孔，发生腹膜炎等。

鱼粉中含较高的脂肪，久存易发生氧化酸败，一般添加抗氧化剂来延长贮藏期。长期使用含脂肪高的鱼粉可使肉质变差。

2. 肉骨粉、肉粉

以屠宰场副产品中除去可食部分之后的残骨、皮、脂肪、内脏、碎肉等为主要原料，经过熬油后再干燥粉碎而得的混合物。含磷量在 4.4% 以上的为肉骨粉，在 4.4% 以下的为肉粉。新鲜时具烤肉香及牛油猪油味，贮藏不良时出现酸败味，肉骨粉的营养成分及品质取决于原料种类及成分、加工方法、脱脂程度及贮藏期等。总体上讲其蛋白质品质不佳，生物学效价低，蛋氨酸、色氨酸、酪氨酸含量低，脯氨酸、羟脯氨酸和甘氨酸含量多，赖氨酸含量接近豆饼。氨基酸消化利用率低。但肉骨粉中钙、磷含量高，比例平衡，B 族维生素含量高，维生素 A、维生素 D 少。肉骨粉用量不宜超过鸭日粮的 6%。

3. 血粉

血粉含粗蛋白 80%~90%，赖氨酸 7%~8%，比鱼粉高近一倍，色氨酸、组氨酸含量也高。但血粉的蛋白质品质较差，血纤维蛋白不易消化。赖氨酸利用率低，氨基酸不平衡，不同动物的血粉成分不同，混合血粉比单一血粉质量好，血粉味苦，适口性差，用量不宜超过 5%。否则可能会引起腹泻。

4. 羽毛粉

羽毛粉含粗蛋白 84% 以上，粗脂肪 2.5%，粗纤维 1.5%，粗灰分 2.8%。蛋白质品质差，氨基酸利用率低，饲用价值低，在日粮中使用主要用于补充含硫氨基酸，用量不可超过 5%。

5. 蚕蛹粉

蚕蛹粉蛋白质含量高，其中 40% 为几丁质氮，其余的为优良蛋白质。含赖氨酸约 3%，蛋氨酸约 1.5%。色氨酸可高达 1.2%，比进口鱼粉高出一倍。且富含钙磷及 B 族维生素。因此，是优良蛋白质。蚕蛹粉脂肪含量高达 20%~30%，其中不饱和脂肪含量高，贮存不当易变质、氧化、发霉和腐烂。脱去脂肪的蚕蛹饼易贮存，且蛋白质含量更高。蚕蛹粉或蚕蛹饼因价格较高，因而用量较低，主要用于补充氨基酸及能量，一般占日粮的 5%~10%。

6. 河蚌、螺蛳、蚯蚓、小鱼、昆虫等

是鸭的优良蛋白质饲料，但喂饲时应蒸煮消毒，防止腐败变质。注意有些软体动物如蚬肉中含有硫胺酶，能破坏维生素 B_1，种鸭吃大量的蚬所产蛋中缺乏维生素 B_1，死胎多，孵化率低，雏鸭易患多发性神经炎，俗称"蚬瘟"。

三、矿物质饲料

植物饲料中所含有的矿物质元素，不能满足畜禽的需要，给畜禽配制饲粮时还要额外给予补充矿物质饲料。目前需要补充的常量元素主要是食盐、钙和磷，其他微量元素作为添加剂补充。

（一）食盐

食盐，化学名称为氯化钠，含有氯元素和钠元素，是动物营养中重要的养分。精制食盐含氯化钠 99% 以上，粗盐含氯化钠为 95%。纯净的食盐含氯 60.3%，含钠 39.7%，此外尚有少量的钙、镁、硫等杂质。食用盐为白色细粒，工业用盐为粗粒结晶。食盐除了具有维持体液渗透压和酸碱平衡的作用外，还可刺激唾液分泌，提高饲料适口性，增强动物食欲，具有调味剂的作用。

一般食盐在鸭饲料中的用量为 0.3%~0.5% 为宜。补饲食盐时，除了直接拌在饲料中外，也可以以食盐为载体，制成微量元素添加剂预混料。由于食盐吸湿性强，在相对湿度 75% 以上时开始潮解，作为载体的食盐必须保持含水量在 0.5% 以下，并妥善保管。

（二）石粉

又称石灰石粉，为天然的碳酸钙，一般含纯钙 35% 以上，是补充钙的最廉价、最方便的矿物质原料。按干物质计，石灰石粉的成分与含量如下：灰分 96.9%、钙 35.89%、氯 0.03%、铁 0.35%、锰 0.027%、镁 2.06%。

天然的石灰石中，只要铅、汞、砷、氟的含量不超过安全系数，都可用作饲料。石粉的用量依据畜禽种类及生长阶段而定，一般畜禽配合饲料中石粉用量为 0.5%~2%。石粉作为钙的来源，粒度以中等为好，一般猪为 0.5~0.7 毫米，禽为 0.6~0.7 毫米。

（三）含磷的矿物质饲料

多属于磷酸盐类，有磷酸钙、磷酸氢钙、骨粉等。本类矿物质饲料既含磷，也含有钙。磷酸盐同时含氟，但含氟量一般不超过含磷量的 1%，否则需进行脱氟处理。磷酸氢钙含钙在 20% 以上，含磷在

15%以上，且是磷的主要来源。

（四）铁源

硫酸亚铁、硫酸铁、三氯化铁、碳酸亚铁、氧化铁、延胡索酸铁均是铁元素的补充剂。其中利用率最高是硫酸亚铁，且原料广泛，价格便宜。

（五）锌源

碳酸锌、氧化锌、硫酸锌三者利用率相同，习惯上人们常用价格较低的硫酸锌。

（六）铜源

铜元素的无机盐有碱式碳酸铜、氯化铜、氧化铜、氢氧化铜、硫酸铜等。按利用效率来看，硫酸铜比氧化铜、氯化铜及碳酸铜更好，且国内市场硫酸铜来源广泛，价格低，所以常选用硫酸铜作为铜元素的补充剂。

（七）锰源

碳酸锰、氧化锰及硫酸锰，这三者中硫酸锰的利用率最高。因此，鸡饲料常用硫酸锰来提供锰的需要。

（八）硒源

亚硒酸钠、硒酸钠、硒化钠、硒元素等，其中以亚硒酸钠的利用率最高，硒含量也最高且价格低，所以常用它作为硒元素的补充剂。

（九）碘源

碘化钾、碘化钠、碘酸钾、碘酸钙等，碘化钾、碘酸钙的利用率均优良，但碘化钾稳定性差，而碘酸钙稳定性高，为使用最多的碘源。

（十）钴源

补充钴的化合物有氯化钴、碳酸钴、硫酸钴、醋酸钴等。其中硫酸钴与氯化钴的生物利用率相等，因此常用的是硫酸钴与氯化钴。

（十一）其他几种矿物质饲料

除上述矿物质饲料外，还有沸石、麦饭石、膨润土、海泡石、滑石、方解石等广泛应用于畜牧业。这些矿物除供给畜禽生长发育所必需的部分微量元素外，还具有独特的物理微观结构和由此而具有的某些理化性质，独特的选择吸附能力和大的吸附容积，可以吸收肠道中过量的氨以及甲烷、乙烷、大肠杆菌和沙门氏杆菌的毒素等有毒物质，抑制某些病原菌的繁殖。在满足畜禽对微量元素的需要同时，促进钙的吸收，从而增进畜禽的健康，提高生产性能。

1. 沸石

是一种含水的碱金属或碱土金属的铝硅酸盐矿物，是 50 多种沸石族矿物质的总称。应用于猪、鸡饲料的天然沸石主要是斜发沸石和丝光沸石等，其中含有多种矿物质和微量元素。这些元素都以可溶性盐和可交换离子状态存在，易被猪吸收利用。据试验，在猪、鸡饲粮中适量添加沸石可提高日增重、节约饲料、增进健康、除臭、改善环境。

2. 麦饭石

一种含有多种矿物质和微量元素的岩石，因其外观颇似手握的麦饭团而得名。所含的微量元素可直接被动物利用，尤其是镍、钛、铜、硒等，可提高酶的活性和饲料的利用率。

3. 膨润土

具有非常显著的膨胀和吸附性能，能吸附大量的水分和多量的有机物质，它含有钙、钠、钾、镁等矿物元素。

四、饲料添加剂

饲料添加剂是为了某些特殊需要在饲料加工、制作、使用过程中添加的少量或者微量物质，包括营养性饲料添加剂、药物饲料添加剂和一般饲料添加剂。

（一）营养性饲料添加剂

营养性添加剂，是指用于补充饲料营养成分的少量或者微量物质，主要有氨基酸添加剂、维生素添加剂、微量元素添加剂等。这类添加剂的用途是补充基础日粮营养成分不足，以使日粮达到营养成分平衡即全价性。

（二）药物饲料添加剂

药物饲料添加剂，是指预防、治疗动物疾病而掺入载体或者稀释剂的兽药预混物，主要有抗生素添加剂、激素类添加剂、驱虫剂、抗菌促长剂、中草药添加剂等。国内禁止使用激素类、镇静剂类等用作饲料添加剂，绝不允许使用以提高肉猪瘦肉率为目的的 β－兴奋剂类。

药物饲料添加剂的功效，主要在于增强机体免疫力，促进生长，提高经济效益。欧盟对抗生素的使用有严格规定，我国也禁止滥用，须严格按《饲料和饲料添加剂管理条例》执行。

（三）一般饲料添加剂

一般饲料添加剂，是指为保证或者改善饲料品质、提高饲料利用率而掺入饲料中的少量或者微量物质，主要有抗氧化剂、脂肪抑剂、防霉剂、调味剂等。选择添加剂一定根据动物的生理特点及生长需要进行选择，有些厂家过分夸大添加剂的效果，因此用户一定本着科学严谨的态度进行选择，先小规模的进行试验比较，效果好后再进行全场推广使用。同时，选择太多种类的添加剂或者过量使用都会造成养殖成本增加。

1. 抗氧化剂

抗氧化剂主要用于脂肪含量高的饲料，以防止脂肪氧化酸败变质。也常用于含维生素的预混料中，它可防止维生素的氧化失效。乙氧基喹啉（EMQ）是目前应用最广泛的一种抗氧化剂，为黏滞的橘黄色液体，不溶于水，溶于植物油。由于其液体形式难以与饲料混合，常制成 25% 的添加剂，国外大量用于鱼粉。其他常用的还有二丁基羟基甲苯（BHT）和丁基羟基茴香醚（BHA）。BHT 常用于油脂的抗氧化，适于长期保存且不饱和脂肪含量较高的饲料。

2. 防霉剂

防霉剂的种类较多，包括丙酸盐及丙酸、山梨酸及山梨酸钾、甲酸、富马酸及富马酸二甲酯等。主要使用的是苯甲酸及其盐、山梨酸、丙酸与丙酸钙。丙酸及其盐是公认的经济而有效的防霉剂，常用的有丙酸钠和丙酸钙。饲料中丙酸钠的添加量为 0.1%，丙酸钙为 0.2%。防霉剂发展的趋势是由单一型转向复合型，如复合型丙酸盐的防霉效果优于单一型丙酸钙。

3. 酸化剂

酸化剂是一类广泛使用的饲料添加剂。常用的有机酸添加剂包括乳酸、富马酸、丙酸、柠檬酸、甲酸、山梨酸等。酸化剂的主要功能是补充雏鸭胃酸分泌的不足，降低胃肠道 pH，促进无活性的胃蛋白酶原转化为有活性的胃蛋白酶；减缓饲料通过胃的速度，提高蛋白质在胃中的消化，有助于营养物质的消化吸收；杀灭肠道内有害微生物或抑制有害微生物的生长与繁殖，改善肠道内微生物菌群，减少疾病的发生；改善饲料适口性，刺激动物唾液分泌，增进食欲，提高采食量，促进增重。目前商品酸化剂有纯酸化学品如延胡索酸和柠檬酸、以磷酸为基础的产品、以乳酸为基础的产品等几种。

一般有机酸与复合酸化剂效果相当，但有机酸添加量为复合酸化剂的3~5倍。两者均优于无机酸，如盐酸。目前多以复合产品为主，其一般由2种或2种以上的有机酸复合而成，主要是增强酸化效果，其添加量在0.1%~0.5%。

4. 酶制剂

酶是一类具有生物催化性的蛋白质，属于生长促进剂，作为外源性酶，在肉鸭日粮中添加可以补充雏鸭内源性消化酶分泌的不足，提高饲料的消化利用率。饲用酶制剂按其特性及作用主要分为两大类：一类是外源性消化酶，包括蛋白酶、脂肪酶和淀粉酶等，畜禽消化道能够合成与分泌这类酶，但因种种原因需要补充和强化。另一类是外源性降解酶，包括纤维素酶、半纤维素酶、β-葡聚糖酶、木聚糖酶和植酸酶等。动物组织细胞不能合成与分泌这些酶，但饲料中又有相应的底物存在(多数为抗营养因子)。这类酶的主要功能是降解动物难以消化或完全不能消化的物质或抗营养物质，提高饲料营养物质的利用率。由于饲用酶制剂无毒害、无残留、可降解，使用酶制剂不但可提高畜禽的生产性能，充分挖掘现有饲料资源的利用率，而且还可降低肉鸭粪便中有机物、氮和磷等的排放量，缓解发展畜牧业与保护生态环境间的矛盾，开发应用前景广阔。

复合酶制剂是由两种或两种以上的酶复合而成，包括蛋白酶、脂肪酶、淀粉酶和纤维素酶等。其中蛋白酶有碱性蛋白酶、中性蛋白酶和酸性蛋白酶3种。许多试验表明，添加复合酶能使饲料代谢能提高5%以上，蛋白质消化率提高10%左右，改善饲料转化率。

由于酶对底物选择的专一性，酶制剂的应用效果与饲料组分、动物消化生理特点等有密切关系，故使用酶制剂应根据特定的饲料和特定的肉鸭年龄阶段而定，并在加工及使用过程中尽可能避免高温。

5. 饲料风味剂

饲料风味剂主要有香料（调整饲料气味）与调味剂（调整饲料的滋味）两大类。许多实验表明，饲料风味剂不仅可改善饲料适口性，增加动物采食量，而且可促进动物消化吸收，提高饲料利用率。

畜禽生产中常用的饲用香料有人工合成品，也有天然产物（如从植物的根、茎、花、果等中提取的浓缩物）。目前广泛使用由酯类、醚类、酮类、脂肪酸类、酚醚类、酚类、芳香族醇类、芳香族醛类及内酯类等中的 1 种或 2 种以上化合物所构成的芳香物质。如香草醛（3-甲氧基 -4- 羟基苯丙醛）、丁香醛（丁香子醛）和茴香醛（对甲氧基苯甲醛）等。

常用的调味剂有甜味剂（例如甘草和甘草酸二钠等天然甜味剂，糖精、糖山梨醇和甘素等人工合成品）和酸味剂（主要有柠檬酸和乳酸）。

6. 中草药制剂

中草药兼有营养和药用两种作用。营养作用主要是为肉鸭提供一定的营养素。药用功能主要是调节肉鸭机体的代谢机能，健脾健胃，增强机体的免疫力。中草药还具有抑菌杀菌功能，可促进肉鸭的生长，提高饲料的利用率。中草药的有效成分绝大多数呈有机态，如寡糖、多糖、生物碱、多酚和黄酮等，通过消化吸收再分布，病原菌和寄生虫不易对其产生耐药性，肉鸭体内无药物残留，可长时间连续使用，无需停药期。由于中草药成分复杂多样，应用中草药作添加剂须根据肉鸭的不同生长阶段特点，科学设计配方；确定、提取与浓缩有效成分，提高添加剂的效果；对有毒性或副作用的中药成分，应通过安全试验，充分证明其安全有效。

第二节　肉鸭饲料的使用

一、推荐肉鸭饲料配方

几个可以借鉴的肉鸭饲料配方，见表2-4。

表 2-4　肉鸭参考饲料配方　　　　　　（%）

原料名称	肉小鸭	肉中鸭	肉大鸭
玉米	58.3	62.2	67
去皮豆粕	24	16	11
花生粕	5	6	7
小麦次粉	4	4	3
棉籽粕	3	5	4.4
磷酸氢钙	1.7	1.6	1.3
石粉	1.2	1.2	1.2
猪油	1	2.3	3.4
赖氨酸	0.5	0.4	0.4
预混料（微量元素和维生素 0.5%）	0.5	0.5	0.5
蛋氨酸	0.3	0.2	0.2
食盐	0.3	0.4	0.4
硫酸钠	0.2	0.2	0.2

二、肉鸭饲料的选择

一般规模化的肉鸭场都选择专用型的肉鸭饲料，使肉鸭在规定的时间内出栏，并达到标准体重。现在更多的鸭农还没有清楚地认识到这一点，认为投入高，不划算。实际上只要你细算账，看看你的投入和产出比就会更清楚了。饲料成本占肉鸭养殖生产总成本的65%~70%，是必须慎重考虑的事情。

（一）选择优质的原料

如果鸭农自己调制肉鸭全价饲料，就要根据当地实际情况选购饲料原料，千万不能购买发霉变质的原料，购买的原料中杂质、水分必须在规定范围之内。

不要使用霉变的原料，尤其是南方地区，夏季潮湿利于霉菌的生长和繁殖。霉菌在很多时候是肉眼看不到的，但不要认为看不到就没有。霉菌对鸭的生长影响很大，甚至出现大批的死亡，尤其是近两年，问题越来越突出。要彻底解决南方地区原料的霉变问题可能是比较困难，现在有一些防霉剂可以在每年的4~9月使用，可能会解决一些问题。

鸭农在自己配制全价料时，要购买蛋白和能量类的原料，不同地区生产出的原料或相同地区不同批次的原料质量都有差别。同样是蛋白原料如豆粕，可能这次蛋白含量高达 44% 左右，使用起来效果就好，下次同样是豆粕可能蛋白含量只有 42%，如果还是按照上次的量使用豆粕，则效果肯定会下降。饲养者往往不去找原料的问题，而说是预混料的毛病。所以鸭农要有从外表辨别原料质量好坏的能力，最好是每批买进的原料都要进行主要营养成分的化验，以降低经济损失。

（二）使用营养全面的饲料

不论是购买全价饲料还是用预混料配制成全价料，都必须要保证营养成分的全面，满足肉鸭生长发育的需要，这是肉鸭生产的关键所在。

有条件的鸭场或鸭农，可以选择优质的肉鸭预混料，这样可以有效地降低饲料成本并能保证饲料的营养全面，预混料中含有均衡的维生素和微量元素，并且针对不同阶段的鸭群有相应的预混料，自己可以根据情况进行选择；还可以根据不同品种对营养的要求，自己购买大豆粕、玉米、棉粕、菜粕、糠麸、草粉等原料，自行调配成不同品种、不同生长阶段的肉鸭所要求的全价饲料；还可以利用当地的特殊原料灵活调配饲料，针对性更强，营养更能满足不同品种、不同生长阶段肉鸭所需，还有效地节约了成本。但鸭农一般很难判别哪个饲料营养全面，哪个饲料营养指标不合格，所以在购买饲料时要注意查看饲料产品标签，看看营养成分的标示量、合格证号、标准文号、生产地址、电话等是否齐全。

（三）要选购优质全价饲料

在肉鸭生产集中的区域，鸭农大都选用名牌厂家的全价颗粒饲料。但也有部分鸭农贪图便宜，到一些小型饲料加工厂或代销处购买无商标、无批准文号、无检验合格证的饲料。由于饲料质量无保证，进而影响了肉鸭的生长发育和养鸭的经济效益。为此，笔者建议鸭农一定要买正规饲料厂生产的饲料。

（四）要选购优质预混料

有的鸭农为降低饲料成本，自己购买大豆粕、玉米、糠麸等主料。然后再买预混料，自行调制鸭用全价料，这种做法是可以的。但需要提醒鸭农注意的是：预混料的营养成分、结构很复杂，没有一定专业技术力量的小型饲料生产单位很难研发出高标准、高质量的饲料配方。因此使用这样的预混料调制出来的饲料就很难做到营养"全价"，必然影响肉鸭的生长发育和养鸭户的经济效益。所以，鸭农自己购买预混料一定要选好厂家，选好品牌，注重质量。

（五）要保证饲料营养全面

不管是购买饲料还是自己调制饲料一定要保证营养成分全面，符合肉鸭生长发育需要，这是搞好规模化肉鸭生产、提高经济效益的关键所在。由于肉鸭饲料中营养成分指标多达几十项，因此，鸭农很难凭感官判定饲料中营养成分是否全面。鸭农购买饲料时，一定要注意是否有饲料产品标签，看清上面标出的营养标准是否达到国家规定的标准。

在此基础上，如果鸭农想进一步准确了解饲料中营养成分是否达到肉鸭需要量，可请专业部门对其进行检验。

（六）要注意饲料饲用方法

要根据肉鸭的不同日龄和生长发育需要使用不同营养标准的饲料。育雏期间要使用雏鸭料，生长期要根据实际情况使用中鸭或成鸭料。另外，还要注意投喂饲料的方法，有的鸭农图省事，一次向喂料容器中加入过多的饲料，一天甚至几天鸭群都不能将饲料吃完。正确的方法应该是根据鸭群采食情况少喂勤添，最好是定时定量添加饲料。这样既能保持肉鸭的良好食欲，又可节约饲料，便于对鸭群的管理。定时定量给鸭群投喂饲料的基本要求是育雏阶段每 3~4 小时投料 1 次，随着肉鸭日龄的增加逐步延长投料间隔时间，适当增加每次投料量。肉鸭达到 25~30 日龄，每 6~8 小时投喂 1 次饲料即可。投料时间最好安排在白天，以利于鸭群夜间休息，减少体能消耗，促进生长发育。

三、肉鸭饲料的安全贮存

（一）大宗原料的贮存

自配饲料的养鸭场需要存放大宗饲料原料，贮存过程中一定要防止原料变质。

在大宗原料贮存过程中导致谷物恶化变质的因素很多，综合分析可包括物料水分、贮藏温湿度、异物杂质、脂肪的含量、昆虫和霉菌，以及贮存设施条件等。

1. 物料水分

物料的水分不能太高，控制原料含水量，保持环境干燥。一般要求饲料原料的含水量不超过 13%，对含水量超标的饲料原料应及时晒干。贮存饲料的仓库应通风、阴凉、干燥、地势高，底部要用木板架撑隔，堆放高度不应超过 14 层（袋）。对贮存较久的原料要定期进行水分监测，含水量超标的应及时采取措施。生产部与品管部联合对该原料多关注、勤盘查，必要时进行倒垛处理。

2. 饲料原料贮存的温度、湿度、异物和杂质等

在谷物原料贮存过程中环境温度和湿度相互作用共同影响原料的质量，二者同时升高，原料破坏现象可在短时间发生并快速蔓延。

谷物原料是有生命活动的活的籽实，其自身在贮藏过程中可产生热、二氧化碳和水分。通常，谷物水分含量与其呼吸作用有关，干燥和清洁的谷物呼吸速率低，湿度大和脏的谷物呼吸速率高。因此，洁净度差、湿度高的谷物如玉米、小麦等容易产生较大量的热量和水分，以至引发原料自身品质的严重破坏。

对于玉米如果是净量，在 4 月之前问题还不太大，如果是毛粮，谷物饲料中经常会有一些谷壳、草籽、玉米芯碎屑等异物杂质，通常这些杂质比谷物的颗粒小，容易填充在谷粒间的空隙中，阻塞了通风途径，影响通风效果，导致水分散发和散热受阻，使谷物在贮存过程中更易产生发热现象，从而影响谷物的质量。春节过后建议对玉米麸及其杂质较集中的地方进行重点盘查，一旦发现有起热迹象时要立即进行处理并安装单管抽风机进行抽风。

对于筒仓玉米，春节过后生产部要及时安排人员下仓检查，并不

时关注筒仓与环境温度的温差。如果个别点温差较大，要及时进行通风，有条件的厂家还要进行倒仓。

要降低饲料原料的温度，可以对原料进行转存，把受热的原料从原来的仓库转移到另一仓库，在转移过程中散热。如该原料的湿度较大，可在转移过程中混入一些比较干燥的同种原料，以降低湿度。要加强原料通风，把定向的自然风或冷风通入料仓而使物料降温。

饲料原料在贮存过程中必须严格限制湿度，如超过允许的上限，需对原料进行自然干燥或人工干燥处理。在贮存环境昼夜温度变化较大时，雨水渗漏是造成原料受潮的另一原因。所以保持库房内的干燥、通风成为贮存的重中之重。当饲料原料的含水量小于15%，温度低于20℃时，原料品质相对容易控制，所以源头把握显得尤为重要。

3. 含脂肪较高的饲料原料

在贮存过程中，含脂肪较高的饲料原料易发生氧化，环境温度越高，脂肪的氧化分解作用越强烈。氧化过程会使饲料酸败，反应放出的热量可使饲料本身温度升高。春节过后在盘存过程中加强对脂肪高的原料重点关注：如肉粉、肉骨粉、鱼粉、蚕蛹粉、玉米胚芽、小麦胚芽、膨化大豆等原料。在必要时适当添加防霉剂和抗氧化剂。

4. 昆虫与霉菌

霉菌污染的饲料会使饲料变质和产生毒素引起肉鸭中毒。黄曲霉毒素是一组毒性最强，且有致癌作用的黄曲霉代谢产物。饲料中黄曲霉毒素对饲料的污染程度高于其他真菌毒素。玉米、花生饼、葵花饼、棉籽饼、膨化玉米等饲料原料易感染黄曲霉。在贮存这些饲料时应特别注意饲料本身的含水量和环境温、湿度，严防霉菌的发生。不时清理洒漏的饲料原料，保持贮存场地的清洁卫生。

对动物蛋白质类饲料，如蚕蛹、肉骨粉、鱼粉、骨粉等，极易染菌和生虫，影响其营养效果。这类饲料一般采用塑料袋贮存较好。为防止受潮发热霉变，用塑料袋装好后封严，放置在干燥、通风的地方。保存期间要勤检查温度，如有发热现象要及时处理。在必要时适当添加防霉剂和抗氧化剂。

5. 饲料原料破损

受到机械破坏损伤的谷物原料更易被昆虫和霉菌侵害而变质，如大豆。

在饲料厂的生产条件下，完全防止饲料原料变质是不可能的，但及时发现问题，准确掌握引起饲料变质的原因，及时采取有效措施加以控制，可以使危害减少到最低程度。定期检查，根据仓内气味和温度判断原料的状况，或用自动测温的仪器加以监控。

（二）药物和微量原料的贮藏

药物和微量原料主要包括微量矿物质、维生素、药物饲料添加剂以及酶类、诱食剂、抗氧化剂等添加剂。这些原料大部分对环境要求高，在有效期内，贮存不当会加快效价降低甚至失效。贮存这些原料应根据它们的特性分别处理。

维生素易受多种因素影响，稳定性差，应放在通风、干燥、低温、隔热、无阳光直射的地方，最好单独存放。尽量避免其暴露在空气中。在高温高湿的气候下，贮存条件达不到要求时，可对某些易氧化的维生素使用抗氧化剂，如维生素 A 和维生素 D_3。微量矿物质中的碳酸盐、硫酸盐、碘化物容易吸潮，贮存时应添加硅酸盐，或用塑料袋密封。

1. 贮存场地

必须设专门的贮藏区域分别放置这些原料。该区域应远离日常加工操作路线，严格控制人员流动，严禁无关人员进入。仓库应注意保持干燥、阴凉、不得有阳光直射。各种物料码放整齐有序，取用方便。药物饲料添加剂要严禁与其他原料混放，要有专门的存放处。

2. 制定合理的仓库保管制度

原料出库要遵守先进先出的原则；要经常与生产部结合注意原料生产日期和有效期，以保证购入原料和使用时做到心里有数，贮存时间较长的易失效的原料在使用时应酌情添加保险量，以保证产品的质量；拿取原料时应尽量减少抛洒，如有抛洒应及时收集起来妥善处理，减少损失并防止污染和混淆；取用过原料的容器应及时封口，减少物料与空气接触的时间，保护其效价。保持原料贮存区的清洁和有序状态非常重要。不允许贮存场所地板上、桌面上、容器盖上或其他物体的表面上积有灰尘。

3. 库存清单与记录

药物和微量原料使用的数量必须详细记录在专用的记录表上，记录表中应清楚显示领取的数量和生产实际使用的数量并必须有领料人和使用人的签名。该记录应由专职人员每天下班时审核。定期盘存并与记录比较，及时发现和纠正可能出现的错误，并以此数据作为制定生产采购计划的依据。

无论是用量大的原料还是用量小的原料，在贮存时都应尽量避免损失，除了上面提到的，还应着重合理安排生产计划、采购计划，加快原料周转，尽量缩短原料贮存时间；同时，加强管理贮存场地的环境卫生，及时清理场地上的废弃物，减少害虫、微生物滋生的环境，采取有效的灭鼠措施。

春季容易出现雨雪天气，使玉米等饲料原料发生不同程度的霉变。而人们只重视夏秋季节饲料防霉，却忽视了春季防霉，以致不少肉鸭采食发霉饲料后出现中毒。因此，要做好防毒、去毒与解毒工作，保证肉鸭健康生长。

（三）防止饲料品质变化的措施

为了做好鸭饲料的贮存和保管工作，必须要满足并做到如下的要求。

① 饲料不散放，用密闭的塑料袋封装保存。

② 饲料应置于避光、阴凉、通风干燥的地方。

③ 在饲料中应添加一些抗氧化剂和防霉剂，如维生素 E、丙酸钙等。

④ 一次配料不要太多，通常夏季不超过 8 天，冬天不超过 15 天，矿物质元素、维生素及定期预防投服的药品等，应现配现用。

⑤ 定期防治鼠害和虫害。

四、肉鸭饲料质量的感官鉴定

鸭配合饲料质量的准确鉴定需仪器设备，所以基层养鸭场对饲料品质的鉴定具有一定的难度。但是，饲料常因品质不同而有不同的特征，这些不同的特征对人体的感官（耳、眼、口、鼻、手等）会产生不同的反应，留下一定的印象。因此，利用人体感觉器官直接判断饲料品质好坏，是常用的一种鉴定方法。感官检验方法包括视觉、嗅觉、味觉、触觉、齿碎、听觉检验等。

1. 视觉检验法

视觉检验法就是利用眼来观察饲料的形状、色泽、杂质含量以及有无结块、霉变、虫害等。

2. 嗅觉检验法

嗅觉检验法就是利用不同的饲料具有不同的形状，变质的饲料有某些特殊气味，嗅觉检验就是根据饲料的不同气味，利用鼻闻的方法来鉴定、判断饲料品质的好坏。

3. 味觉检验法

就是利用舌头舔尝辨别饲料有无刺舌的恶味、苦味及其他坏味，从而判断品质的好坏。

4. 触觉检验法

就是利用手触摸饲料时的感觉，如软硬、光滑、轻重、温度高低等，来判断饲料水分的大小，品质的好坏。

5. 齿碎检验法

主要用于谷类饲料水分的检验，检验时用牙齿咬碎谷粒，根据其抗压力的大小，判断其水分的高低。

6. 听觉检验法

听觉检验法就是利用耳听饲料在不同情况下所发出的响声，如饲料流落时发出的声音，齿碎时的声音等，来判断饲料水分大小，品质的优劣。

以上各类检验方法，在应用时并不是孤立的，而是互相协同的。根据各种方法鉴定的结果加以综合分析才能得到正确的结果。

技能训练

识别和选择优质饲料原料。

【**目的要求**】对所提供的饲料标本或实物能正确识别，能认识和描述其典型感官特征，并能正确分类。

【训练条件】

1. 能量饲料、蛋白质饲料、矿物质饲料、饲料添加剂等饲料实物。

2. 饲料、挂图、幻灯片、录像片。

3. 瓷盘、镊子、放大镜、体视显微镜等。

【考核标准】

对所提供饲料原料能熟练进行感官检验及显微镜检查，并具体描述。

思考与练习

1. 肉鸭常用的饲料种类有哪些? 各有什么特点?

2. 大宗饲料原料在贮存时应注意哪些问题?

3. 对肉鸭饲料进行质量感官鉴定有哪些主要方法?

第三章　肉鸭的饲养管理

第一节　做好进雏前的准备工作

一、育雏方式的选择和育雏舍的准备

肉用型雏鸭的培育方式主要有地面育雏和网上育雏及塑料大棚育雏三种。

（一）地面育雏

这是使用得最久、最普遍的一种方式，雏鸭直接放在育雏舍的地面上，地面上铺垫清洁干燥的稻草（需切短）或木屑，雏龄越小垫草越厚（初生雏第一次垫料厚 6~8 厘米），使雏鸭熟睡时不受凉，且有保温作用，但在饮水和采食区不垫料。这种育雏方式设备简单、投资省、积肥好，不论条件好坏，均可采用。

（二）网上育雏

网上育雏的最大特点是环境卫生条件好，雏鸭不与粪便接触，感染疾病的机会少；其次是不用垫料，节约劳力；再次是，温度比地面稍高，容易满足雏鸭对温度的要求，可节约燃料，而且成活率较高。缺点是一次性投资比较大。

（三）塑料大棚育雏

它是结合应用塑料大棚饲养肉鸭而采取的育雏方式，其具体方法是在大棚内用塑料薄膜帘子隔出一部分空间用来育雏，优点是容易保温，不需设专门的育雏室，投资少，成本低，易于管理，成活率高。

除上述三种方式外，还有将地面育雏与网上育雏结合起来，称为混合式育雏。其做法是将育雏舍地面分为两部分：一部分是高出地面或将地面挖深的网床；另一部分是铺垫料的地面。这两部分之间由水泥坡面连接。饮水器放在网上，可使鸭舍内垫料保持干燥。

二、鸭舍的清洗、检修

育雏前，要对鸭舍周围、鸭舍内部及设备进行彻底清洗和消毒。打扫鸭舍周围环境，做到鸭舍周围无鸭粪、羽毛、垃圾，粪便应送到离鸭舍 500 米外的地方堆积发酵作肥料。

清洗前，先关闭鸭舍的总电源。将饲喂和饮水设备搬到舍外或提升起来，之后将上批肉鸭生产过程中产生的粪便、垫料清理干净，用扫帚将网床、墙壁、地面上的粪便、垃圾彻底清扫出去；然后用高压水枪对鸭舍的屋顶、墙壁、地面、网床、风扇等进行冲洗，彻底冲刷掉附着在上面的灰尘和杂物，最后清扫、冲洗鸭舍地面。清洗后全部打开鸭舍的门窗，充分通风换气，排出湿气。

如果是旧育雏舍，清洗结束后，要检查鸭舍的墙壁、地面、排水沟、门窗以及供电、供水、供料、加热、通风、照明等设备设施是否完好，是否能继续正常工作；检查鸭舍墙壁有无缝隙、墙洞、鼠洞；如果是用烧煤的炉子保温，还要检查炉子是否好烧，鸭舍各处受热是否均匀，有无漏烟、倒烟现象。如有问题，及时检修。

三、消毒

消毒的目的是杀死病原微生物。具体方法及注意事项如下。

（一）火焰消毒法

用火焰喷灯消毒地面、金属网、墙壁等处。注意不要与可燃或受热易变形的设备接触，要求均匀并有一定的停留时间。

（二）药液浸泡或喷雾消毒

用百毒杀等消毒药按产品说明书规定浓度对所需的用具、设备，包括饲喂器具、饮水用具、塑料网、竹帘等，进行浸泡或喷雾消毒，然后用2%~3%的烧碱溶液喷洒消毒地面。如果采用地面平养育雏，则在地面干燥后，再铺设5~10厘米厚的垫料。如果采用笼育或网上平养育雏，则应先检修好，然后进行喷雾消毒。消毒时要注意药物的浓度与剂量，药物不要与人的皮肤接触，注意安全。

（三）熏蒸消毒

根据鸭场所处的地理环境条件及当地疫病流行情况，选用合适的消毒级别。一级消毒，每立方米空间用甲醛14毫升、高锰酸钾7克、开水14毫升；二级消毒，每立方米空间用甲醛28毫升、高锰酸钾14克、开水28毫升；三级消毒，每立方米空间用甲醛42毫升、高锰酸钾21克、开水42毫升。注意在熏蒸之前，先把窗口、通气口堵严，舍内升温至25℃以上，湿度70%以上。

消毒房舍需封闭24小时以上，如果不急于进雏，则可以待进雏前3~4天打开门窗通气。熏蒸消毒最好在进雏前7~10天进行。

为了进出鸭舍消毒方便，应在鸭舍门口设立消毒池，消毒液一般2天换一次，以使其保持有效杀菌浓度。

四、垫料、网床的准备与铺设

采用地面平养时要备好干燥、无霉变、柔软、吸水性强的垫料，并经太阳暴晒后才能使用。雏鸭进舍前 3 天，先在鸭舍地面上铺一层薄薄的干燥、干净沙土或生石灰粉，进雏前 1 天在上面铺一层厚度约 7 厘米的垫料。第一次铺设的垫料只铺第一周鸭群活动的范围，其余地方先不铺。第二周扩群、减小密度的时候，提前一天把扩展的范围内地面上铺上垫料，同时在第一次铺的垫料上面再撒一些垫料以保持其干净、柔软。以后，鸭群每扩群一次，就这样把垫料提前铺好。

如果采用网上平养方式，要在菱形孔塑料网铺设好以后进行细致检查，重点检查床面的牢固性，塑料网有无漏洞、连接处是否平整，靠墙和走道处的围网是否牢固，饲喂和饮水设备是否稳当等。将床面用塑料网或三合板隔成小区，每个小区的面积约 10 米^2。

饲养用具中，食槽或料桶、饮水器或饮水槽、照明设施、温度计、湿度表、水桶、水舀子、注射器、围栏等要准备充足。

五、人员的安排

肉鸭养殖是一项耐心细致、复杂而辛苦的工作，养殖开始前要慎重选好饲养人员。

设施设备比较先进的规模化养鸭场，一般每人可饲养 1 万~2 万只；设施设备比较简陋的大棚养鸭，每人可饲养 0.2 万~0.3 万只。根据饲养规模的大小，确定好人员数量。在上岗前对饲养管理人员要进行必要的技术培训，明确责任，确定奖罚指标，调动生产积极性。

六、饲料及常用药品的准备

要按照肉鸭的日龄和体重增长情况，准备足够的自配粉料和成品颗粒饲料，保证雏鸭一进入育雏舍就能吃到营养全面的饲料，而且要保证整个育雏期的饲料供应充足、质量稳定。如，北京鸭从出壳到 21 日龄，每只鸭共需耗料 1.7~2.0 千克（表 3-1）。

表 3-1　北京鸭 1~21 日龄每日耗料量

日龄	粉料给料量（克/只）	颗粒料给料量（克/只）
1	4	5
2	11	12
3	14	18
4	22	26
5	31	35
6	38	45
7	49	55
8	56	64
9	69	81
10	80	88
11	93	95
12	106	108
13	116	117
14	125	127
15	137	133
16	151	163
17	157	178
18	169	180
19	177	189
20	180	198
21	187	199
合计	1972	2116

（引自杨学梅《北京鸭选育与养殖技术》，金盾出版社）

要为雏鸭准备一些必要的药品，如土霉素、高锰酸钾等。

七、试温与预温

无论采用哪种方式育雏和供温，进雏前 2~4 天（根据育雏季节和加热方式而定）对舍内保温设备进行检修和调试。采用地下火道或地上火笼加热方式的，在冬季和早春要提前 2~3 天预温；其他加热方式一般提前 1~2 天进行预温。在雏鸭转入育雏舍前 1 天，要保证舍内温度达到育雏所需要的温度（在距离床面 10 厘米高处 33℃），并注意加热设备的调试以保持温度的稳定。试温的主要目的在于提高舍内空气温度，加热地面、墙壁和设备，同时要保持鸭舍内的相对湿度在 65% 左右。试温期间要在舍温升起来后打开门窗通风排湿，舍内湿度高会影响雏鸭的健康和生长发育，因此新建的鸭舍或经过冲洗的鸭舍，雏鸭进舍前必须采取措施调整舍内湿度。

八、准备好常用的记录本和表格

准备好必要的记录本和表格，以记录每天的饲料消耗量、死亡鸭数量、用药情况、使用疫苗情况。

第二节　鸭苗的挑选与运输

一、鸭苗的订购

"公司 + 基地（合作养殖场户）"养殖模式下，养殖场户可以直接从公司获得合格的鸭苗。对社会散养的肉鸭，就要特别注意鸭苗的订购环节。

雏鸭品质的好坏直接关系到鸭日后的育成率和生产性能，因此在购买时必须逐只加以选择。不同孵化场提供的雏鸭质量有较大差异，即使同一个孵化场提供的雏鸭，批次不同，也存在着一定差异，如果不加以选择就会直接影响养殖效益。

（一）对供雏者的选择

肉鸭生产需要有规范的良种繁育体系和严格的制种要求。饲养商品肉鸭，必须到父母代肉种鸭场购买鸭苗。供种的种鸭场要有县级以上畜牧行政部门颁发的《种畜禽生产经营许可证》和《畜禽场卫生防疫合格证》。规模小的种鸭场或养鸭户，很少做选育工作，所提供的鸭苗在很大程度上存在着质量问题。因此，选择供雏者最好到饲养管理及孵化规模大、选育工作开展好、管理规范、市场信誉好的种鸭场进苗。

（二）对孵化情况的选择

订购鸭苗要到孵化设施齐全、技术水平高、孵化日常管理和卫生管理较好的孵化场，以减少雏鸭在孵化期间的感染。有的小孵化场设备落后，孵化条件控制不严，种蛋来源不清，卫生防疫管理不严，容易孵出质量不稳定甚至体弱的鸭苗，影响养殖效益。

（三）对雏鸭个体的选择

要选择出雏日期正常且一致的雏鸭，提早或延缓出壳者均不宜选择。要根据外貌来选择健壮的雏鸭，即选择绒毛颜色纯正一致、清洁而有光泽，大小均匀一致，品种纯正；卵黄吸收良好，脐部愈合良好，没有大肚子；抓在手里挣扎有力，眼大有神，叫声洪亮；体重大、头大、脚粗实、腹部大小适中而较软、脐部吸收良好、叫声响亮、举止活泼的雏鸭，坚决剔除瞎眼、歪头、跛腿、大肚皮、血脐等残疾的雏鸭。对挑选好的雏鸭，准确清点数量。育雏前 5~7 天，下狠心淘汰残弱雏和生长不良的僵雏。

二、雏鸭的运输

雏鸭的运输是一项技术性强的细致工作，要求迅速、及时、安全、舒适到达目的地。应在雏鸭羽毛干燥后开始，至出壳后 36 小时结束，如果远距离运输，也不能超过 48 小时，以减少中途死亡。

运雏时最好选用专门的运雏箱（如硬纸箱、塑料箱、木箱等，图 3-1）。规格一般为 60 厘米 ×45 厘米 ×20 厘米，内分 2 个或 4 个格。箱壁四周适当设通气孔，箱底要平而且柔软，箱体不得变形。在运雏前要注意雏箱的清洗消毒，根据季节不同每箱可装 80~100 只雏鸭。运输工具可选用车、船、飞机等。

图 3-1 将雏鸭装入运雏箱

雏箱与车厢之间要留有空隙（图3-2）并由木架隔开，以免雏箱滑动。装卸雏箱时要小心平稳，避免倾斜。运雏车和雏箱事前要经过消毒（图3-3），特别是运雏车要做好检修，防止中途停歇。当初生雏鸭胎毛干后即可起运，如天冷雏箱可加盖棉絮或被单。如天热则应在早晨或晚上凉爽时运输，并携带雨布。无论任何季节，运输途中都要经常检查雏鸭的动态，如发现过热致使其绒毛发潮（俗称"出汗"，实践证明这种雏鸭较难饲养）、过冷致使其挤堆或通风不良等现象应及时采取措施。

图3-2　运输雏鸭的保温车　　　　图3-3　运输车辆消毒

恶劣天气情况下的远途运输会对雏鸭造成很大的应激，有时可以采用传统的嘌蛋方法代替初生雏鸭的运输，即将孵化20天以后的鸭蛋经照检剔除其中的死蛋后，装在厚铺稻草的竹篮里，每篮装200~300枚。启运日期应根据路程而定，以出雏前到达目的地为原则。运输途中注意防止震荡，保持温度适宜，并定时翻蛋，以防下层蛋过热。将蛋运到目的地后立即照检，拣出死胎蛋，然后上摊继续孵化。也有在较晚日龄嘌蛋，雏鸭途中即陆续出雏，待到目的地时全部出完。

三、雏鸭的安置

（一）接雏

雏鸭运到目的地后，将全部装雏盒移入育雏室内，分放在每个育雏器附近，保持盒与盒之间的空间流畅，把雏鸭取出放入指定的育雏器内，再把所有的雏盒移出舍外。对一次用的纸盒要烧掉；对重复使用的塑料盒、木箱等应清除箱底的垫料并将其烧毁，下次使用前对雏盒进行彻底清洗和消毒。

把雏鸭从出雏器中捡出，在孵化室内绒毛干燥后转入育雏室，此过程称为接雏。接雏可以分批进行，尽量缩短在孵化室的逗留时间，千万不要等到全部雏鸭出齐后再接雏，以免早出壳的雏鸭不能及时饮水和开食，导致体质变弱，影响生长发育，降低成活率。

（二）分群

雏鸭转入育雏室后，应根据其出壳时间的早晚、体质的强弱和体重的大小，进行第一次分群。把体质好的和体质弱的雏鸭分开饲养，特别是体质弱小的弱雏，要把它放在靠近热源，即室温较高的区域饲养，以促使"大肚脐"雏鸭完全吸收腹内卵黄，提高成活率。体质差不多的雏鸭也应分群饲养，雏群的大小以200~300只为宜。

要做好弱雏复壮。在大群中发现弱雏后，要及时将其挑出单独饲养；弱雏采食量少、代谢产热少，常出现体温偏低现象，放在温度较高的环境中有助于保持正常的体温，因此，弱雏笼或圈舍可靠近热源或另外加温；对弱雏，除正常喂料外，还可在饮水中添加适量的红糖、蔗糖或葡萄糖、复合维生素、口服补液盐等以增加其营养摄入量，促进其体质的恢复；还可对因病导致的弱雏分析成因，采取不同的治疗方法，促进弱雏康复。

第三节　0~3周龄（育雏）阶段饲养技术要领

0~3周龄是快大型肉鸭的育雏期，习惯上把0~3周龄这段时间的饲养管理称为育雏。

雏鸭阶段是肉鸭生产的重要环节，因为雏鸭刚孵出，各种生理机能不完善，还不能完全适应外部环境条件，必须从营养上、饲养管理上采取措施，促使其平稳、顺利地过渡到生长阶段，同时也为以后的生长奠定基础。

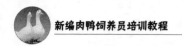

一、育雏的环境条件及其控制

(一) 温度

大型肉鸭是长期以来用舍饲方式饲养的鸭种，不像麻鸭、蛋鸭那样比较容易适应环境温度的变化。因此，在育雏期间，特别是在出壳后第1周内，要保持适当高的环境温度，这也是育雏能否成功的关键所在。

育雏的温度随供温方式不同而不同。

采用保温伞供温时，伞可放在房舍的中央或两侧，并在保温伞周围围一圈高约50厘米的护板，距保温伞边缘75~90厘米。护板可保温防风，限制幼雏活动范围，防止雏鸭远离热源。待幼雏熟悉到保温伞下取暖后，从第3天起向外扩大，7~10天后取走护板。保温伞和护板之间应均匀地放置料槽和水槽。保温伞直径2米，可养雏鸭500只，2.5米可养750只。1日龄时伞下温度控制在34~36℃，伞周围区域为30~32℃，育雏室内的温度为24℃。

我国北方常用火炕或烟道供热，热源利用较为经济。若用地下烟道和电热板室内供温，则1日龄时的室内温度保持在29~31℃即可，2~3周龄末降至室温。

无论何种供温方式，育雏温度都应随日龄增长，由高到低而逐渐降低。至3周龄即20天左右时，应把育雏温度降到与室温相一致的水平。一般室温为18~21℃最好。起始温度与3周龄时的室温之差是这20天内应降的温度。须注意的是，降温每周应分为几次，使雏鸭容易适应。不要等到育雏结束时突然脱温，这样容易造成雏鸭感冒和体弱。每天应检查或调节温度，使温度保持适当和稳定。保温伞的温度计应在伞边缘距离垫料与底网5厘米处，舍内温度计应在墙上，距地面约1米高处。

笼养育雏时，一定要注意上、下层之间的温差。采用加温育雏取暖时，除了在笼层中间观察雏温度外，还要注意各层间的雏鸭动态，及时调整育雏温度和密度。若能在每层笼的雏鸭背高水平线上放一温度计，然后根据此处温度来控制每层的育雏温度，则效果会更好。

育雏温度是否合适，除根据温度计外，还可以从雏鸭的动态表现出来，这是最简易实用的方法。当育雏温度合适时，雏鸭活泼好动，采食积极，饮水适量，过夜时均匀散开；若温度过低，则雏鸭密集聚堆，靠近热源，并发生尖厉叫声；若温度过高雏鸭远离热源，张口喘气，饮水量增加，食欲降低，活动减少；若有贼风（缝隙风、穿堂风等）从门窗吹进，则雏鸭密集在热源一侧边。饲养人员应该根据雏鸭对温度反应的动态，及时调整育雏温度。做到适温休息、低温喂食、逐步降温，提高雏鸭的成活率。

（二）湿度

雏鸭体内含水量大，约75%。若舍内高温、低湿会造成干燥的环境，很容易使雏鸭脱水，羽毛发干。若群体大、密度高，活动不开，会影响雏鸭的生长和健康，加上供水不足甚至会导致雏鸭脱水而死亡。湿度也不能过高，高温高湿易诱发多种疾病，这是养禽业最忌讳的环境，也是雏鸭球虫病暴发的最佳条件。地面垫料平养时特别要防止高温。因此育雏第1周应该保持稍高的湿度，一般相对湿度为65%，以后随日龄增加，要注意保持鸭舍的干燥。要避免漏水，防止粪便、垫料潮湿。第2周湿度控制在60%，第3周以后为55%。

（三）密度

密度是指每平方米地面或网底面积上所饲养的雏鸭数。密度要适当，密度过大，雏鸭活动不开，采食、饮水困难，空气污浊，不利于雏鸭成长；过稀则房舍利用率低，多消耗能源，不经济。适当的密度既可以保证高的成活率，又能充分利用育雏面积和设备，从而达到减少肉鸭活动量，节约能源的目的。育雏密度依品种、饲养管理方式、季节的不同而异。一般最大收容量为每平方米25千克活重。不同饲养方式雏鸭的饲养密度可参考表3-2。

表3-2 雏鸭的饲养密度			（只/米²）
周龄	地面垫料平养	网上平养	笼养
1	20~30	30~50	60~65
2	10~15	15~25	30~40
3	7~10	10~15	20~25

（四）光照

光照可以促进雏鸭的采食和运动，有利于雏鸭的健康生长。出壳后的头 3 天内采用 23~24 小时光照；4~7 日龄可不必昼夜开灯，给予每天 22 小时光照，便于雏鸭熟悉环境，寻食和饮水。每天停电 1~2 小时保持黑暗的目的，在于使鸭能够适应突然停电的环境变化，防止一旦停电造成应激扎堆，致大量雏鸭死亡。

光的强度不可过高，过强烈的照明不利于雏鸭生长，有时还会造成啄癖。通常光照强度在 10~15 勒克斯。一般开始时白炽灯每平方米应有 5 瓦强度（10 勒克斯，灯泡离地面 2~2.5 米），以后逐渐降低。到 2 周龄后，白天就可以利用自然光照，在夜间 23 点关灯，早上 4 点开灯。早、晚喂料时，只提供微弱的灯光，只要能看见采食即可，这样既省电，又可保持鸭群安静，防止因光照过强引起啄羽现象，也不会降低鸭的采食量。但值得注意的是，采用保温伞育雏时，伞内的照明灯要昼夜亮着。因为雏鸭在感到寒冷时要到伞下去取暖，伞内照明灯有引导雏鸭进伞之功效。

采用微电脑光照控制仪，可从黄昏到清晨采用间歇照明，即关灯 3 小时让鸭群休息，之后开灯 1 小时让鸭群采食、饮水和适当运动，每 4 个小时为一个周期。黄昏时把料箱或料桶内添加足量的饲料，饮水器保证有充足的饮水，以满足夜间雏鸭的需要。

樱桃谷鸭不同日龄光照及光照强度对照表见表 3-3。

表 3-3　樱桃谷鸭不同日龄光照及光照强度对照表

日　龄	1~3	4~7	8~14	15~21	22~35
光照（小时）	24	23	19	17	12
光照强度（勒）	10	8	5	5	3

（五）通风

雏鸭的饲养密度大，排泄物多，育雏室容易潮湿，积聚氨气和硫化氢等有害气体。因此，保温的同时要注意通风，以排除潮气等，其中以排出潮湿气最为重要。舍内湿度保持在 55%~65% 为宜。

适当的通风可以保持舍内空气新鲜，夏季通风还有助于降温。因此良好的通风对于保持鸭体健康、羽毛整洁、生长迅速非常重要。开放式育雏时维持舍温21~25℃，尽量打开通气孔和通风窗，加强通风。如在窗户上安装纱布换气窗，既可使室内外空气对流，并以纱布过滤空气，使室内空气清新，又可防止贼风，则效果会更好。

冬季和早春，要正确处理保温与通风的矛盾。肉鸭在养殖的前2周，管理的重点是保温，因为这个阶段，雏鸭的体温调节机能尚不完善，需要有较高的环境温度，2周龄后即可在晴暖天气打开窗户进行适当通风换气。这个季节，进风口要设置挡板，以防进入鸭舍的冷风直接吹到鸭身上导致受凉感冒。如果能够使用热风炉，将加热后的空气送到舍内，则能够有效解决这个季节通风换气和保温的矛盾。

夏季，10日龄内的雏鸭，夜间仍需要适当保温，待环境温度不低于23℃时，才不需要保温和加热，并注意通风换气。3周龄后，需要加强通风换气，缓解热应激，有条件的规模肉鸭场，还可使用湿帘风机等降温设备。

春秋季节气温不是太稳定，要注意2周龄内雏鸭的保温，天气暖和时兼顾通风，2周龄后防止气温突降而没有减少通风量，导致舍内温度急剧下降等情况的发生。

（六）营养

刚出壳雏鸭的消化器官功能较弱，同时消化器官的容积很小，但生长速度很快，育雏期末的体重是初生重的十多倍。因此，只有满足雏鸭的营养需要，日粮中的能量、蛋白质、氨基酸和维生素、矿物质等营养全面，而且要平衡，比例适当，所配的饲料要容易消化；在饲喂上要少喂多餐，才能满足雏鸭快速生长的需要。

二、雏鸭的开水与开食

培育雏鸭要掌握"早开水、早开食，先开水、后开食"的原则。

（一）"开水"

教初生雏鸭第一次饮水称为"开水"。一般雏鸭出壳后24~36小时内，先"开水"再"开食"。由于雏鸭从见嘌（孵化期内胚胎开始啄壳）到出壳的时间较长，且出雏器内的温度较高，体内的水分散发较多，因此，必须适时补充水分。雏鸭一边饮水，一边嬉戏，雏鸭受到水的刺激后，生理上处于兴奋状态，促进新陈代谢，促使胎粪的排泄，有利于"开食"和生长发育。"开水"过晚，雏鸭体内水分散失多，不利于卵黄吸收和今后生长发育。

小群的自温育雏，可采用传统的使用鸭篮给雏鸭"开水"的方法，通常每只鸭篮放 40~50 只雏鸭，将鸭篮慢慢浸入水中，使水浸没脚面为止，这时雏鸭可以自由地饮水。洗毛 2~3 分钟后，就将鸭篮连雏鸭端起来，让其理毛，放在垫草上休息片刻就可"开食"。

也可以在雏鸭绒毛上洒水。草席或塑料薄膜上"开食"之前，在雏鸭绒毛上喷洒些水，使每只雏鸭的绒毛上形成小水珠，雏鸭互相啄食小水珠，以达到"开水"之目的。

标准化规模饲养肉鸭，因养殖数量多，又需要保温育雏，一般可采用水盘"开水"。用白铁皮一张做成两个边高 4 厘米的水盘，也可以使用边缘高度 4 厘米的搪瓷盘。在盘中盛 1 厘米深的水，将雏鸭放在盘内饮水、理毛 2~3 分钟后，抓出放在垫草上理毛、休息后"开食"。以后随着日龄的增大，盘中的水可以逐渐加深，并将盘放在有排水装置的地面上，任其饮水、洗浴。

规模化饲养，也可以直接使用雏鸭饮水器"开水"。在饮水器内注满干净水，放在保温器四周，让其自由饮水，起初要先进行调教，可以用手敲打饮水器的边缘，引导雏鸭来饮水；也可将个别雏鸭的喙浸入水中，让其饮到少量的水，只要有个别雏鸭到饮水器边来饮水，其他雏鸭就会跟上。以后随着日龄的增大，饮水器逐步撤到另一边，有利排水的地方。

"开水"时所使用的水最好是凉开水，温度保持在 25℃左右，4 日龄后可直接使用自来水或深井水。为了促进雏鸭尽早适应新的环境，增强雏鸭的体质和抗病力，5 日龄前的雏鸭，要在饮水中添加适量抗生素或保健药物，初次饮水可使用 0.02% 的高锰酸钾水，之后让雏鸭饮用 5% 的葡萄糖水并添加抗生素，每天 2 次；也可以添加口服补液盐、电解多维等，以帮助雏鸭清理肠道，尽快排净胎粪，加快卵黄吸收，提高适应环境的能力和抗病力。

"开水"后，必须保证不间断地供水。在整个育雏期，供水很重要，如果饮水不足或水质不良都将会影响雏鸭的采食量、抗病力和生长发育。一般提倡供给清洁长流水，水温随季节略有升降。另外，每周用 0.02% 的高锰酸钾水供雏鸭饮服一次。

（二）开食

雏鸭的第一次喂食称为开食，安排在开水后 0.5~1 小时直接进行。传统喂法是用焖热的大米饭或碎米饭，或用蒸熟的小米、碎玉米、碎小麦粒，食物往往较为单一，规模化养殖时不建议使用。应提倡用配合饲料制成颗粒料直接作为开食料，最好用破碎的颗粒料，更有利于雏鸭的生长发育和提高成活率。

雏鸭开食过早不行，过迟也不行。开食过早，一些体弱的雏鸭，活动能力差，本身无吃食要求，往往被吃食好的雏鸭挤压受伤，影响今后吃料；而开食过迟，因不能及时补充雏鸭所需的营养，致使雏鸭因养分消耗过多、疲劳过度，降低雏鸭的消化吸收能力，造成雏鸭难养，成活率也低。

雏鸭一般训练开食 2~3 次后，自己就会吃食，吃上食后一般掌握雏鸭吃至七八成饱就够了，不能吃得太饱。

三、喂料

雏鸭喂料的原则是：少喂多餐，逐步过渡到定时定餐。

1 周龄内的雏鸭应让其自由采食，经常保持料盘内有饲料，随吃随添。一次投料不宜过多，否则堆积在料槽内，不仅造成饲料的浪费，而且饲料容易被污染；夏季积料多还可能造成饲料的酸败变质。

初生的雏鸭，食道膨大部分还很不明显，贮存饲料的容积很小，消化器官还没有经过饲料的刺激和锻炼，消化机能尚不健全，肌胃的肌肉也不坚实，磨碎饲料的功能还不强。所以，要少喂多餐，少喂勤添，随吃随给，使饲槽内稍有余食但不过多。除白天每隔 1~2 小时喂一次外，晚上也要另喂 2 次，开头 3 天的饲养是很关键的；对不会自动走向饲槽的弱雏，要耐心引诱它去采食，保证每只都能吃到饲料，吃饱但不能吃得过头。3 天以后，可改用食槽饲喂，槽的边高 3~4 厘米，长 50~70 厘米，这样可以防止混入鸭粪污染饲料。6 日龄起就可以进行定时喂食，每隔 2 小时喂一次；8~12 日龄时每隔 3 小时喂一次，每昼夜喂 8 次；13~15 日龄每隔 4 小时喂一次，每昼夜喂 6 次；

16~20 日龄白天每隔 4 小时喂一次，夜间每隔 6 小时喂一次，每昼夜喂 5 次；21 日龄以后，每隔 6 小时喂一次，每昼夜喂 4 次。

随着雏鸭的逐渐长大，可以不用食槽而改用水泥圈饲喂，即在育雏室一角，做好水泥圈子，先将饲料拌好，分小堆放在水泥圈上，然后分批将雏鸭放入，每批 200~300 只为宜，每次吃食 10 分钟。但每次投料不要太多，以每批都能吃完为度。

通常在肉鸭生产中，要使用育雏期日粮（Ⅰ号）、中雏期日粮（Ⅱ号）、肥育期日粮（Ⅲ号）三种营养成分的全价饲料。一般在 1~11 日龄使用Ⅰ号料，12~13 日龄开始更换Ⅱ号料，到 22~23 日龄时还要更换Ⅲ号料。有些饲养小型商品肉鸭（俗称养小鸭，28 日龄前后出栏上市）的肉鸭养殖场户，更换Ⅱ号料后，可一直喂到 28 日龄出栏。

因此，不管是饲养大型商品肉鸭（俗称养大鸭，45~50 日龄前后出栏上市）还是饲养小型商品肉鸭的肉鸭养殖场户，都要学会过渡换料，切不可由一种饲料一下子换成另一种饲料，以防产生换料应激，影响正常生长增重。11 日龄时，用 2/3 Ⅰ号料 +1/3 Ⅱ号料混合饲喂 1 天，12 日龄用 1/2 Ⅰ号料 +1/2 Ⅱ号料饲喂 1 天，13 日龄再用 1/3 Ⅰ号料 +2/3 Ⅱ号料饲喂 1 天后，14 日龄可以全部使用Ⅱ号料。而养大鸭的肉鸭养殖场户，21 日龄时，用 2/3 Ⅱ号料 +1/3 Ⅲ号料混合饲喂 1 天，22 日龄用 1/2 Ⅱ号料 +1/2 Ⅲ号料饲喂 1 天，23 日龄再用 1/3 Ⅱ号料 +2/3 Ⅲ号料饲喂 1 天后，24 日龄时可以全部使用Ⅲ号料。

四、分群

雏鸭在进入育雏舍后已经进行过第一次分群，之后，雏鸭在生长发育过程中又会出现大小强弱的差别，所以要经常把鸭群中体质太强和体质太弱的雏鸭挑选出来，单独饲养，以免"两极分化"，即强的更强，弱的因抢食抢水能力差而越来越弱。通常在 8 日龄和 15 日龄时，结合密度调整，进行第 2 次、第 3 次分群（图 3-4）。

图 3-4　雏鸭分群饲养

分群时可逐只检查，将吃食少或不吃食的放在一起饲养，适当增加饲喂次数，比其他雏鸭的环境温度提高 1~2℃。同时，要查看是否有疾病原因等，对有病的要对症采取措施，如将病雏分开饲养或淘汰。再是根据雏鸭各阶段的体重和羽毛生长情况分群，各品种都有自己的标准和生长发育规律，各阶段可以抽称 5%~10% 的雏鸭体重，结合羽毛生长情况，未达到标准的要适当增加饲喂量，超过标准的要适当扣除部分饲料。自温育雏的雏鸭，一定要分成小群，吃食、饮水后放进鸭棚舍，用手将扎堆的雏鸭分开，待鸭棚内温度升高后，雏鸭就会散开。待雏鸭达 15 日龄后，可进行第三次分群，把大群用小格分开成小群，可避免晚间天黑或有老鼠活动，使雏鸭扎堆挤死。

五、搞好卫生防疫

（一）加强消毒
育雏舍门口设消毒槽或池，非本舍工作人员不得入内。

（二）雏鸭抵抗力差，要创造一个干净卫生的生活环境
单独育雏舍内育雏时，在每次用过后进行彻底消毒。铁丝网床或竹板床的床面、角落隔板、墙壁地面等处，用高压水龙头冲洗干净，不应有粪便滞留，待晾干后，关闭门窗，用福尔马林熏蒸消毒或用 0.2% 过氧乙酸喷雾消毒整个鸭舍与床面等。同时，育雏应采用全进

全出制度，即同日龄的鸭进入，同日龄的鸭转出，中途不得引进新鸭，以便彻底消毒、饲养管理。严禁从有疫情的鸭场购入雏鸭，注意剔出病残弱鸭。

随着雏鸭日龄的增大，排泄物不断增多，地面垫料平养时，垫料要经常翻晒、更换，保持生活环境干燥，所使用的食槽、饮水器每天要清洗、消毒，鸭舍要定期消毒等。

（三）搞好防病工作

目前危害养鸭最严重的疾病包括高致病性禽流感、小鸭病毒性肝炎、鸭瘟、浆膜炎。前三种为病毒性疾病，必须通过预防接种来控制。

雏鸭疫病免疫参考程序：1日龄，鸭瘟疫苗颈部皮下注射；5日龄，鸭传染性浆膜炎和大肠杆菌二联苗肌内注射；8日龄，鸭病毒性肝炎冻干苗皮下注射；鸭禽流感疫苗的免疫时间要按疫苗使用说明执行，严防禽流感发生。鸭瘟、鸭传染性浆膜炎、大肠杆菌、鸭病毒性肝炎等在免疫前应认真阅读使用说明书，严格按疫苗使用说明预防。

肉鸭的发病死亡主要发生在2周龄以内，可在1周龄内间断地在饮水中添加禽用多维，以增强雏鸭的抵抗能力；同时1~5日龄用0.02%高锰酸钾液饮水；6~8日龄用沙星类药物（但氧氟沙星、洛美沙星、培氟沙星、诺氟沙星已禁用）；9~13日龄换为高锰酸钾；14~16日龄改用敌菌净，这样交叉使用药物预防，效果既好，药价又低。以后鸭群如出现粪便不正常等情况时，在饮水中添加抗生素或喹诺酮类药物进行防治，以确保肉鸭健康快速生长，减少病死率，提高养鸭效益。

第四节　3~4周龄肉鸭的饲养管理

3~4周龄的肉鸭称为中雏期。中雏期是鸭子生长发育最迅速的时期，对饲料营养要求高，且食欲旺盛，采食量大。中雏期的生理特点是对外界的适应性较强，比较容易管理。其饲养管理的要点如下。

一、过渡期的饲养

（一）渐进式换料

21日龄开始，要逐渐从Ⅱ号料过渡到使用Ⅲ号料，使鸭逐渐适应新的饲料。

换料时，应执行"渐进式换料"原则。换料前后，最好能每天准确测量肉鸭的耗料量，如果采食量下降，要及时采用匀料、饲料潮拌等方法刺激采食，增加采食量；为减少换料给鸭群带来的应激，可在饲料中添加适当的维生素C或电解多维。

（二）温度

除冬季和早春气温低时，采用升温育雏饲养，其余时期中雏的饲养均采用自温饲养方法。但若自然温度与育雏末期的室温相差太大（一般不超过3~5℃）会引起感冒或其他疾病，这时就应在开始几天适当增温。

（三）空腹转舍

转群前必需空腹方可运出。

（四）逐步扩大饲养面积，减少饲养密度

若采用网上育雏，则雏鸭刚下地时，地上面积应适当圈小些，待雏鸭经过2~3天的锻炼，腿部肌肉逐步增强后，再逐渐增大活动面积。因为中雏舍的地上面积比网上大，雏鸭一下地，活动量逐渐增大，一时不适应，容易导致鸭子气喘、拐腿，重者甚至引起瘫痪。

二、中雏期的饲料

中雏期鸭子生长发育迅速，对营养物质要求高，要求饲料中各种营养物质不仅全面，而且配比合理。科学实验证明，该期使用全价配合饲料能使肉鸭生长快，缩短饲养周期，提高饲料报酬和经济效益。

三、饲喂管理

（一）定时定量，足量饮水

根据中雏的消化情况，一昼夜饲喂4次，定时定量。鸭在吃食时有饮水洗嘴的习惯，要及时添换清洁饮水。

（二）保持鸭舍内清洁干燥

中雏期容易管理，要求圈舍条件比较简易，只要有防风遮雨设备即可。但圈舍一定要保持清洁干燥。夏天运动场要搭凉棚遮荫，冬天要做好保温工作。

（三）密度适当

中雏的饲养密度，肉用型雏鸭 8~10 只 / 米^2，兼用型 10~15 只 / 米^2，不断调整密度，以满足雏鸭不断生长的需要，不至于过于拥挤，从而影响其摄食生长，同时也要充分利用空间。

（四）分群饲养

将雏鸭根据强弱大小分为几个小群，尤其对体重较小、生长缓慢的弱中雏应强化培育，集中喂养，加强管理，使其生长发育能迅速赶上同龄强鸭，不至于延长饲养日龄。

（五）光照

适当的光照有益于中雏的生长发育，所以中雏期间应坚持 23 小时的光照制度。

（六）沙砾

为满足雏鸭生理机能的需要，应在中雏鸭的运动场上，专门放几个沙砾小盘，或在精料中加入一定比例的沙砾，这样不仅能提高饲料转化率，节约饲料，而且能增强其消化机能，有助于提高鸭的体质和抗逆能力。

（七）严格执行休药期规定

养小鸭的肉鸭，在 28 日龄就要出栏。进入出栏销售阶段，禁止肉鸭使用任何抗菌、促生长药物，特别是明文规定限用的药物。一般在出栏前 7~10 天，停止使用各种药物和非营养性添加剂。

第五节　4~8 周龄肉鸭的饲养管理

肉鸭的 4~8 周龄培育期也称为生长肥育期，养大鸭的肉鸭，习惯上将 4 周龄开始到上市这段时间的肉鸭称为仔鸭。这段时期，商品肉鸭的生理特点及身体状况，已不同于育雏期和中雏期。肉鸭的自身发生了变化，相应的饲养管理措施也须进行适当的调整。

一、生理特点

大型商品肉鸭的生长肥育期，体温的调节机制已趋完善，骨骼和肌肉生长旺盛，绝对增重处于最高峰时期，采食量大大增加，消化机能已经健全，体重增加很快。所以在此期要让其尽量多吃，加上精心的饲养管理，使其快速生长，达到上市体重要求。

二、营养需要

从 3 周龄末开始，换用肥育期日粮（即Ⅲ号料），蛋白质水平低于育雏期和中雏期，而能量水平与育雏期和中雏期的相同或略少提高。育肥期肉鸭生长旺盛，需能量大，这时不提高日粮能量水平，或使育肥期日粮的能量水平相对降低，而肉鸭可以根据能量水平确定采食量。因此相对降低日粮中的能量水平可促使肉鸭提高采食量，使肉鸭采食量大大增加，有利于仔鸭快速生长。而且饲料中蛋白质水平的降低，也降低了成本。因此，比较经济实惠。育肥期的颗粒料直径可变为 3~4 毫米或 6~8 毫米。地面平养和半舍饲时可用粉料。粉料必须拌湿喂。

三、饲养管理技术

（一）饲养方式

大型肉鸭 4~8 周龄目前多采用舍内地面平养或网上平养，育雏期地面平养或网上平养的，可不转群，既避免了转群给肉鸭带来的应激，也节省劳力。但育雏期结束后采用自然温度育肥的，应撤去保温设备或停止供暖。对于由笼养转为平养的，则在转群前 1 周，平养的鸭舍、用具须做好清洁卫生和消毒工作。地面平养的准备好 5~10 厘米厚的垫料。转群前 12~24 小时饲槽加满饲料，保证饮水不断。

（二）温度、湿度和光照

室温以 15~18℃最宜，冬季应加温，使室温达到最适温度（10℃以上）。湿度控制在 50%~55%。应保持地面垫料或粪便干燥。光照强度以能看见吃食为准，每平方米用 5 瓦白炽灯。白天利用自然光，早晚加料时才开灯。

（三）密度

地面垫料饲养，每平方米地面养鸭数为：4周龄7~8只，5周龄6~7只，6周龄5~6只，7~8周龄4~5只。具体视鸭群个体大小及季节而定。冬季密度可适当增加，夏季可减少。气温太高，可让鸭群在室外过夜。

（四）饲喂次数

仍然是昼夜4次，白天3次，晚上1次。喂料量原则与前期相同，以刚好吃完为宜。为防止饲料浪费，可将饲槽宽度控制在10厘米左右。每只鸭饲槽占有长度在10厘米以上。

（五）饮水

自由饮水，不可缺水，应备有蓄水池。每只鸭水槽占有长度1.25厘米以上。

（六）垫料

地面垫料要充足，随时撒上新垫料，且经常翻晒，保持干燥。垫料厚度不够或板结，易造成胸囊肿，影响屠体品质。

第六节　肉鸭的四季管理要点

一、春季肉鸭的饲养管理要点

春季培育雏鸭，疫病少，易成活，生长快，好管理，是一年中最好的育雏季节。饲养上必须掌握以下几方面。

（一）重视保温，切忌忽冷忽热

春季气候多变，育雏期间要十分注意保温，切忌给温忽高忽低。时刻关注天气预报，提前做好保温工作，使鸭舍内温度不低于13~20℃。春夏之交，天气多变，会出现早热天气或连续阴雨，要因时制宜保持舍内小气候稳定。

（二）掌握适宜密度

饲养密度与育雏室内空气卫生和鸭群健康生长有关，要适时分群，严防扎堆。特别在早春天气和下半夜,要注意观察雏鸭动态,及时赶堆。雏鸭适宜密度为:1周龄内每平方米养25~30只,2周龄15~20只,3周龄以上5~7只。对于饲养量大的鸭场(户),可按大小、强弱、年龄等不同分为若干小群,每群以200~300只为宜,一周以后再进行调整一次。

(三)注意卫生防疫

春季气温开始上升,适合各种微生物的生长繁殖,因此要重视消毒和防疫工作。料槽、饮水器、鸭舍内部要定期消毒,设备垫草不要太厚并定期清除,每次清除都要结合消毒1次。留有运动场的鸭舍,要经常疏通排水沟,做到不积污水和粪便。

二、夏季肉鸭的饲养管理要点

在炎热夏天,由于鸭没有汗腺又由于有羽毛的覆盖,鸭体的散热受到很大限制。当气温越过等热区时,鸭体温上升,在未搞好防暑降温的情况下,鸭发生急性热应激甚至热昏厥的现象时有发生。高温、高湿的环境还使鸭舍粪便易于分解,造成鸭舍内有害气体含量过高,危害鸭体健康。

(一)抓好饲料供应,保证营养需要

1. 调整饲料配方

由于鸭的采食量随环境温度的升高而下降,所以应配制夏季高温用的、不同生长阶段的肉鸭日粮,适当提高饲料浓度,以保证鸭每日的营养摄取量。

(1)添加适量脂肪代替部分碳水化合物 用适量脂肪代替部分碳水化合物,不但有利于提高日粮能量浓度,弥补因采食量下降而减少的能量摄入量,而且还能有效地减轻由于体增热所加剧的热应激负担。

(2)控制蛋白质水平 在满足所有必需氨基酸的前提下,使蛋白质水平尽可能处于低限。为了减轻蛋白质在体内降解利用所带来的体增热负担,提高利用率,应根据日粮氨基酸盈缺情况添加必需氨基酸,创造合理的蛋白质模式,保证氨基酸的平衡供给。

(3)提高矿物质与维生素的添加水平 由于夏季肉鸭采食量下降,

要保证肉鸭对各种矿物质与维生素营养成分摄入量不变，应适当提高其在日粮中的含量。在日粮或饮水中补加额外的钾、钠及在饮水中加入碳酸盐均有利于维持电解质平衡。此外在饲料中补加 0.1%~0.5% 碳酸氢钠，能有效地减轻热应激反应。夏季高温时，饲料中的营养物质易被氧化，且高温等应激因素造成鸭的生理紧张，不仅降低鸭机体维生素 C 合成能力，同时鸭对维生素 C 等营养物质的需要量提高，所以夏季每千克饲料中应添加维生素 C 50~200 毫克。

2. 采用抗应激药物添加剂

针对鸭体高温下所表现的生理变化对症下药，如使用水杨酸、阿司匹林以降低鸭的体温，利用藿香、刺五加、薄荷等中草药制剂增加免疫、祛湿助消化达到抗应激效果。

3. 保持饲料新鲜

在高温、高湿期间，自配料或购入饲料放置过久或饲喂时在料槽中放置时间过长均会引起饲料发酵变质，甚至出现严重的霉变。因而夏季应减少每次从饲料厂拉进的饲料量，以 1 周左右用完为宜，保证饲料新鲜。饲喂时应少量多餐，尤其是采用湿拌粉料更应少喂勤添。

4. 适当调整供料时间

早晨可提早 1~2 小时在清晨 4~5 时开始喂料，晚上也应适当延长饲喂时间，这样可避开高温对采食量的影响。

（二）做好环境控制，防止发生热应激

1. 减少太阳辐射热

在设有运动场的鸭舍，要在运动场上架设遮阴凉棚，鸭舍舍顶应加厚覆盖层。高温期间可在棚顶淋水或在棚内喷水雾化，并做好鸭舍周围环境的绿化工作。

2. 加快鸭体散热

保证鸭舍四周敞开，加大通风量。给鸭饮清洁的自来水或冷水，采用通风设备加强通风，保证空气流动。夜间也应加强通风，使鸭在夜间能恢复体力，缓解白天酷暑热应激的影响。

3. 降低饲养密度

降低鸭舍内饲养密度和增加鸭舍中水、食槽的数量，可使鸭舍内因鸭数的减少而降低总产热量，同时避免因食槽或水槽的不足造成争食、拥挤而导致个体产热量的上升。

4．保持鸭舍清洁干燥

采用合理的饲养及饮喂方式，减少粪中含水量，防止高温下舍内高湿带来的危害。

① 增加鸭舍打扫次数，缩短鸭粪在舍内的时间。

② 水槽尽量放在网上，以免鸭饮水时将水洒进垫料。

（三）加强日常管理，增强抗应激能力

1．加强疫病防治

及时做好免疫接种和疾病治疗工作，注意鸭群采食量、饮水量及排粪情况的观察，一旦发现异常及时采取措施。

2．改变饲养方式

变地面厚垫料饲养为网上平养，杜绝肉鸭与粪便接触，以减少疾病传播机会，降低发病率。

3．减少对鸭群的干扰

避免干扰鸭群，使鸭的活动量降低到最低限度，减少鸭体热的增加。

4．做好日常消毒工作

健全消毒制度，防止鸭因有害微生物的侵袭而造成抵抗力下降，防止苍蝇、蚊子滋生，使鸭免受虫害干扰，增强鸭群的抗应激能力。

三、秋季肉鸭的饲养管理要点

秋高气爽，气温渐降，到了晚秋，气温多变，昼夜温差加大，日照时间缩短。因此，秋季管理的重点是保持环境稳定，继续做好灭蚊灭蝇工作。

（一）肉种鸭保证光照时间

自然光照时间缩短，不利于种鸭产蛋。因此，需要补充人工光照，使种鸭每天的光照时间保持16小时，并稳定光照强度。

（二）晚秋防止温度突然降低

温度的突然变化，会导致肉鸭出现呼吸道等症状。生产中，要防止因气候突变引起鸭舍内小气候的骤变，保持小环境相对稳定。晚秋要做好保暖，其他操作规程和饲养管理程序保持基本稳定。

（三）保证鸭舍干燥

秋季往往有连阴雨天气，鸭舍周围容易积水，垫草更容易返潮霉败。要降低鸭舍内湿度，防止垫草泥泞。

（四）继续做好灭蚊灭蝇工作

蚊蝇干扰肉鸭休息，影响生长，还传播多种疾病，要继续做好驱除和杀灭工作。

四、冬季肉鸭的饲养管理要点

冬季是肉鸭饲养管理要求较高的季节。管理的核心任务是在保温的前提下，处理好保温与通风的矛盾。

（一）鸭舍（棚）建筑保温性能相对要好，适时通风换气

冬季气候寒冷，有时滴水成冰，而棚舍内需要的温度与外界气温相差悬殊，对肉鸭来说，既要通风换气，又要保持棚舍内温度，这就是冬季肉鸭饲养应解决的主要问题。有的养殖户错误地认为，鸭子不怕冷，不需要那么高的温度。其实不然，肉鸭和其他家禽一样，对温度的调节能力亦很差，常常会发生由于棚舍防寒性能差、棚舍温度低，致使肉鸭扎堆挤压致死的现象。为了减少棚舍的热量损失，对于棚舍隔热差的可加盖一层稻草帘子或塑料布，窗户要用塑料布封严，调节好通风换气口。

要特别注意通风换气与棚舍保温的关系，既要通风换气，又不要造成棚舍内温度忽高忽低，用煤气、火炉等取暖，要保持棚舍恒温，在雨雪天和寒流期间，棚内的温度宜高一些。严防由于温差过大造成应激反应引起疾病。当气温急剧下降，防寒保温工作跟不上时，往往易使肉鸭外感风寒，发生咳嗽、甩鼻、呼吸困难等呼吸道疾病。有的养殖户由于只考虑和注重了保温而忽视了通风换气，再加上棚舍内外温差大，育雏室内的水气蒸发到棚舍顶部变成水滴流下，好像下雨一般，以致棚舍内湿度过大，导致一些条件性病原微生物的大量繁殖，造成肉鸭的大批死亡和经济损失。因此，养殖户一定要掌握好气候的变化，做好防寒保温工作。棚舍要事先维修好，防止贼风、穿堂风。一般情况下，1周龄内要重保温，1周龄左右（1周后）开始于中午前后开窗（或通风孔）通风，开窗要求自上而下，根据棚舍内温度的高低确定开

窗面积的大小，或打开阳面的塑料布进行通风。清粪和卫生消毒工作应安排在下午为宜。通风时可适当提高育雏舍内温度，并避免冷风直接吹袭鸭群，随肉鸭日龄的增加加大通风量。雏鸭入舍的前3天，将棚舍温度控制在30℃以上，此时雏鸭状态佳，精神活泼，分布均匀，活动自由，饮食正常。同时，日常饲养时，应注意鸭只的变化，及时进行调温，并保持温度相对恒定，不宜忽高忽低。晚上是观察雏鸭、鸭群和调节温度的最好时间，可以发现鸭群是否有呼吸道疾病和疫苗反应。鸭群均匀分布在地面或网上或架上，无张嘴呼吸表现，羽毛光顺，说明温度合适；张嘴呼吸，不爱吃食，饮水增加，说明温度过高，应降低棚舍内温度；鸭群在中央拥挤成堆，靠近热源，缩头，甚至闭眼尖叫，说明温度过低，应提高棚舍内温度；如果在边缘区域成堆，可能有贼风。温度过高或过低均会影响肉鸭的生长发育、饲料转化率和经济效益，建议养殖户用塑料布将育雏舍隔成小间，随着鸭雏的日龄而不断加大，以节省燃料。

（二）防氨气蓄积和煤气中毒

有些养殖户为了给棚舍保温而忽视了通风换气，对鸭只排泄的粪便不及时清除，致使鸭棚舍内氨气蓄积，浓度增大，导致肉鸭氨气中毒或引发其他疾病。氨气能强烈地刺激肉鸭呼吸道黏膜和眼角膜，通常会造成肉鸭精神不振，食欲减退，流眼泪，眼角膜发炎（俗称"糊眼睛"）等危害，甚至引起死亡。为了防止氨气对肉鸭的不良影响，建议养殖户及时清除粪便，防止水槽漏水和棚舍内湿度过大。

肉鸭煤气中毒的主要原因，一是为了棚舍保温而忽视了通风换气；二是使用质量差的煤，含烟量较大；三是使用的取暖炉未安装烟囱或烟筒安装没有避开主风向、倒烟或烟筒结合部漏烟；四是管理不够细心，没有做好细节的工作。因此，在冬季饲养肉鸭，一定要时刻注意人与肉鸭的安全，科学进行通风换气，加强夜间值班，经常检修烟道、烟具是否跑火和漏烟，用电线路是否安全等，降低棚内有害气体的含量，防止煤气中毒。

另外，冬季气候干燥、风大寒冷，火灾发生较多，尤其是养殖户的鸭棚舍又大都是简易的，因此，更要注意防火，排除一切火灾隐患。

（三）精心饲喂，科学饲养

进雏前，要对棚舍进行严格的冲刷、消毒，最好能熏蒸。用具、衣帽、房舍等彻底清洗。在运雏时，不要将运雏的筐、铁笼等包裹得太密，以免雏鸭缺氧闷死。有的养殖户一味地怕雏鸭受冻，将装有雏鸭的笼筐首先用棉被再用塑料布包裹得严严实实，结果到家一看，雏鸭死亡超过 50%。雏鸭入舍后，要先饮水后开食，对于不愿意活动的雏鸭，应采用人工轰赶、强制饮水采食的措施，但应注意动作要轻，不要造成挤压致死的现象。棚舍内的光照易强一些、长一些，但不可随意改变光源的位置、时间、强度等，使棚舍内照度均匀。控制饮水，充分满足鸭只对水的需要，一般鸭只的饮水量是耗料量的 2~3 倍，但不多供水，防止水管跑水、水槽漏水和棚舍内湿度过大。

另外，在饮水或饲料中添加适量的抗菌药物和维生素等，以增强鸭只的抗病能力和抗应激能力。

（四）搞好卫生消毒工作，严防疾病传播

生产实践中，还发现有部分养殖户卫生消毒观念淡薄，鸭棚舍不消毒或很少消毒，想靠运气来养鸭，错误地认为冬季消毒难，消毒不消毒关系不大，不消毒照样养鸭。其实不然，冬季和其他季节一样，要认真作好卫生消毒工作。现在养殖的密度在不断增大，在既没有防疫沟又没有防疫墙的情况下，商品大流通的环境里有无数肉眼看不见的病菌病毒，如果防疫工作未做好，一旦致病菌进入鸭棚舍，肉鸭就会发病，最终导致养鸭经济效益差。卫生消毒是切断传染病传播途径的重要方法。

饲养用具与消毒用具严格分开，并定期带鸭消毒和饮水消毒，并经常用不同类别的消毒药，交替轮换使用，严防水平传播疾病。消灭鼠害，病死鸭要进行深埋处理，病鸭要隔离，要远离健康鸭。

总之，冬季肉鸭的饲养管理是一项综合性的工作，只有掌握各方面的环节要点，认认真真去做，就一定能获得良好的冬季养肉鸭的经济效益。

第七节　肉鸭的人工填饲育肥

一、填饲

（一）填饲日龄

一般在 40~42 日龄，体重达 1.6~1.7 千克以上的中雏，即可开始填饲。但在鸭子生长缓慢的情况下须延至 45~49 日龄时才开始填饲。一般开填日龄早，饲料报酬较好，开填日龄过晚，饲料转化率降低。但过早填饲，鸭的骨骼、肌肉发育尚未健全，消化机能未完善，容易造成瘫痪和死亡。过晚填饲，耗料多，增重慢。

（二）填饲前准备

开填前将鸭子按体重和体质分群，淘汰病残和过于弱小的鸭，选择体质强壮、发育正常、健康状况良好的鸭填肥，这样可以获得较好的育肥整齐度。此外，填鸭前应剪去爪尖，以免互相抓伤，影响屠宰体的美观，降低等级。

（三）配制填鸭专用日粮

填饲期一般为 2 周左右，日粮分前后 2 期，各填 1 周左右。前期料能量水平稍低，蛋白质水平稍高，后期料正好相反。

填鸭的饲料应含有较高的能量（每千克含代谢能 12.55 兆焦左右），而粗蛋白含量 14%~5% 即可。这种营养水平有利于快速提高体重和积累一定量的肌间脂肪。由于人工填词鸭的饲料摄入量比自由采食多得多，产生热能也高，所以，一定要供应充足的饮水。填鸭的饲料中须加入一定量的维生素和微量元素。这是维持填鸭生长发育和维持健康所不可缺少的，添加的维生素主要有维生素 A、维生素 D、维生素 E、维生素 K、维生素 B_{12}、核黄素、泛酸钙、氯化胆碱、尼克酸等，矿物质有硫酸锌、硫酸铜、硫酸亚铁、碘化钾、硫酸镁等。还要特别注意钙和磷的数量及比例，以免因无机盐不足或钙、磷比例失调，影响增重或引起瘫痪。

天气炎热时不能用水拌料，否则容易变质。舍温不太高时，先加水将料调成糊状，放置 3~4 小时，使其软化，这样可提高饲料消化率。水与干料之比为 6：4，每天填饲 4 次。填饲量：第一天 150~160 克，第 2~3 天 175 克，第 4~5 天 200 克，第 6~7 天 225 克，第 8~9 天 275 克，第 10~11 天 325 克，第 12~13 天 400 克，第 14 天 450 克。

（四）填饲的操作

1. 填料机填喂法

首先将调好的饲料装入填饲机的贮料箱内，转动搅拌器以免饲料沉淀。然后将鸭慢慢赶入待填圈内，等候填饲。接着操作人员用脚踏填鸭机的离合器，检查料筒的出料情况，并调整出料量，达到规定数量后即可捉鸭填饲。填饲时，填饲人员随手抓鸭，左手握住鸭子头部，掌心靠着鸭的后脑，用食指和拇指打开鸭喙，中指伸进喙内压住鸭舌，将鸭喙套在填饲胶管上，慢慢向前推送，让胶管准确地插入食道膨大部，同时，用右手托住鸭的颈胸接合部，将鸭体放平，使鸭体和胶管在同一轴线上，这样才不会损伤食道。插好管子后，用左脚踏离合器，启动料筒，将饲料压进鸭的食道后，放松开关，将胶管从鸭喙退出。填饲操作在技术上的要领是：鸭体平，开喙快，压舌准，插管适，进食慢，撤鸭快。

2. 手工填喂法

填喂前，先将填料用水调成干糊状，用手搓成长约 5 厘米、粗约 15 厘米、重 25 克的"剂子"。填喂时，填喂人员用腿夹住鸭体两翅以下部分，左手抓住鸭的头，大拇指和食指将鸭喙上下腭撑开，中指压住舌的前端，右手拿"剂子"，用水蘸一下送入鸭子的食道，并用手由上向下滑挤，使"剂子"进入食管的膨大部，每天填 3 次，每次填 4~5 个，以后则逐步增多，后期每次可填 8~10 个"剂子"。

二、填饲注意事项

① 观察鸭的消化情况，一般在填饲前 1 小时，填鸭的食道膨大部普遍出现垂直的凹沟即为消化正常；如果早于 1 小时出现，表明需要增料；如果晚于 1 小时出现，表明消化不良或填饲量偏多，须推迟下次填料时间并减少填料量。

② 填饲应定时、定量，昼夜不断水，每天要有 30 分钟的洗浴

时间。

③ 填饲的日粮应保持相对稳定，不要频繁变动，以免导致鸭消化功能下降；填饲的料应新鲜，严禁填饲霉变饲料。

④ 填饲后每隔 2~3 小时轻轻轰赶鸭群走动，促使其饮水、排粪，以免长卧不起造成腿部瘫软和胸腹出现压伤等。

⑤ 鸭的抗热性差，高温炎热季节，鸭群易造成热应激，使肉鸭表现采食量下降、增重慢、死亡率高。因此，夏季管理特别要注意防暑降温。

⑥ 填饲期间，搞好圈内卫生，圈内要垫些干净的细沙，并经常消毒。

⑦ 当用手摸到肉鸭皮下脂肪增厚，翼羽根呈透明状态时，即可上市出售。

第八节 肉鸭的出栏上市

一、上市日龄的确定

肉鸭的上市日龄主要取决于市场对产品的需求和肉鸭的增重规律。北京鸭和樱桃谷肉鸭的增重和生长情况见表 3-4 和表 3-5。

表 3-4 北京鸭平均体重、耗料量累计及饲料转化效率

周龄	体重（克）	耗料（克）	增重耗料比
1	270	230	0.85
2	760	970	1.27
3	1 350	2 130	1.57
4	1 810	3 280	1.82
5	2 320	4 760	2.05
6	2 800	6 390	2.27
7	3 150	8 140	2.58
8	3 420	9 680	2.83

<table>
<tr><td colspan="9" align="center">表 3-5　樱桃谷肉鸭生长情况　　　　　（千克）</td></tr>
<tr><td>项目</td><td colspan="2">0~14 日龄</td><td colspan="2">15~28 日龄</td><td colspan="2">29~40 日龄</td><td colspan="2">0~40 日龄</td></tr>
<tr><td></td><td>1</td><td>2</td><td>1</td><td>2</td><td>1</td><td>2</td><td>1</td><td>2</td></tr>
<tr><td>耗料</td><td>0.606</td><td>0.70</td><td>2.305</td><td>2.467</td><td>2.986</td><td>3.040</td><td>5.951</td><td>6.132</td></tr>
<tr><td>增重</td><td>0.384</td><td>0.48</td><td>1.264</td><td>1.310</td><td>1.029</td><td>0.975</td><td>2.623</td><td>2.819</td></tr>
<tr><td>料肉比</td><td>1.578</td><td>1.458</td><td>1.824</td><td>1.883</td><td>3.061</td><td>3.118</td><td>2.269</td><td>2.175</td></tr>
</table>

注：1 为两个阶段饲养，2 为三个阶段饲养

（一）按照增重规律确定上市日期

从表 3-4 北京鸭的增重规律看，6 周龄之前的增重速度最快，饲料转化率最高，6 周龄之后这两项指标均有所下降，8 周龄之后这两项指标下降得更明显。因此，从饲养成本看肉鸭的合适出栏日期在 6 周龄前后，体重 2.5 千克以上。因此，理想的上市日龄在 43~45 日龄，不能迟于 8 周龄。出栏日龄过小，肉鸭的体重偏小、肌肉不丰满、羽毛处于更换期，其肉用价值不高。而从表 3-5 樱桃谷鸭的增重情况看，28 日龄前出栏最合算。

（二）按照市场对产品规格的需求确定上市日期

目前，肉鸭的上市日龄大体有两种情况，30 日龄前后和 45 日龄前后。30 日龄前后肉鸭的体重 1.9~2.2 千克，屠宰后的屠体体重为 1.5~1.75 千克，此期的肉鸭肉质鲜嫩、皮下脂肪少，容易烹调，适宜于家庭炖食。但是，此时肉鸭的羽毛处于更换期，羽绒的价值很低。45 日龄前后肉鸭的体重 3.0~3.5 千克，适宜于生产分隔鸭肉。这个时期肉鸭胸、腿着生肌肉较多，而分隔肉中以胸部和腿部肌肉最贵。同时，此时肉鸭的羽毛完成第一次更换，羽绒的利用价值较高。50 日龄后，肉鸭的皮脂较多，消费者并不乐意消费。如果是针对成都、重庆、云南等市场，由于消费水平和消费习惯，拜年的话，出现大型肉鸭小型化生产（即养小鸭），大型肉鸭的上市体重要求在 1.5~2.0 千克。一旦达到上市体重，就应尽快上市，而这个体重对大型肉鸭品种来讲在 28~30 日龄。

（三）按照饲养效益确定出栏时间

肉鸭养殖户的生产目的在于获得最大的利润。而利润的高低取决于肉鸭的销售价格和生产性能（成活率、增重速度、饲料转化率）等。每只肉鸭的收入主要是销售单价（元/千克）与体重（千克）的乘积；成本部分主要是鸭苗的价格、饲料成本（饲料单价与总耗料量的乘积）与其他成本（水电暖、工资、药物、折旧等）之和。饲养者通过肉鸭市场价格和饲料价格确定合适的出栏时间。例如，如果鸭苗成本高、商品肉鸭价格高、饲料价格适中就可以适当推迟出栏时间，如果鸭苗价格低、饲料价格高就可以适当提早出栏。

二、上市前严格执行休药期规定

鸭群进入上市销售阶段，绝对不得使用任何抗菌、促生长药物，特别是明令禁用的药物。一般在上市 7~10 天以前停止使用各种药物和非营养性添加剂。

肉鸭出栏前至少 6 小时把饲喂设备移出舍外或升高，使肉鸭停止采食并防止捕捉过程中鸭子碰伤。适当提前停止喂料有助于排空肠道的内容物，减少抓鸭时的伤亡和屠宰时的污染。但停食后，应照常供给饮水，直至抓鸭装笼时停止，以防鸭体因长时间断水造成体重下降或死亡。

三、出栏肉鸭的捕捉与运输

肉鸭出场应妥善处理，肉鸭屠体等级下降有 50% 左右是因碰伤而造成的，而 80% 的碰伤则发生在出场前后。

1. 捕捉和装运前准备工作

① 与屠宰场联系好具体送货时间，并准备好车辆。

② 应确保所用的全部设备，包括鸭笼、围栏等完好无损。不要使用破损的鸭笼来装运肉鸭，否则会造成擦伤或碰伤。

③ 抓鸭前 12 小时停止喂料，移出料槽和一切用具，但不能停止供水。

2. 捕捉和装运时注意事项

① 准备好围栏把鸭子按每群 100~150 只围好待装运，每次围鸭数

不可太多，防止挤压造成伤残、窒息死亡。最好有足够的围栏一次性把所有鸭子围好，防止反复赶鸭惊群致残。围栏最好是木、竹制品。

②装鸭时要轻拿轻放，不要往鸭笼内"扔鸭"，以免碰撞致伤。

③确保装卸人员每只手仅捉 1~2 只鸭。

④鸭笼中装载的鸭不可过多，以免造成额外的损失。

⑤整个装笼过程中的死亡率应低于 0.5‰。

3. 特殊温度下装运

①夏季应避开烈日下装运。每两层鸭笼间要留有 10 厘米的间距，以防车辆运输时热量蓄积。到达屠宰场后，运鸭车应停于遮阴棚下，而且可利用风扇或其他装置降温。

②冬季运输应在运鸭车厢前排顶部遮盖帆布，以免鸭在运输过程中受寒。运输中经常检查，保证鸭子舒适。到达屠宰场后，运鸭车应停在有遮护的场所，并拆除帆布以免通风不畅。

技能训练

肉鸭人工填饲。

【目的要求】掌握肉鸭人工填饲的操作方法与技术。

【训练条件】提供配合饲料、填饲设备及用具、42 日龄体重 1.6~1.7 千克的肉鸭若干只等材料。

【操作方法】

1. 饲料的调制

称取配合饲料若干，按 1：2 的料水比例拌湿调匀。

2. 人工填饲操作

（1）抓鸭　抓鸭时四指并拢，拇指握住颈部，适当用力将鸭提起。应抓鸭的食道膨大部，不能抓鸭的脖子、翅膀及爪，以免鸭挣扎造成伤残。

（2）填饲　左手抓鸭的头部，掌心握鸭的后脑，拇指与食指撑开上下喙，中指压住鸭舌，右手握住鸭的食道膨大部，将填饲胶管小心送入鸭的咽下部，鸭体要与胶管平行，然后将饲料压入食道膨大部，随后放开鸭。

【考核标准】人工填饲的方法及步骤操作正确，记录每位学员在规定时间内填饲肉鸭数。

思考与练习

1. 肉用雏鸭的培育方式有哪几种？

2. 肉鸭进雏前需要做好哪些准备工作？

3. 简述鸭苗的挑选与运输方法。

4. 肉鸭 0~3 周龄、3~4 周龄、4~8 周龄各阶段饲养管理的重点是什么？分别说明。

5. 夏季如何管好肉鸭？

第四章　肉鸭场环境控制与疾病综合防控

知识目标

1. 了解肉鸭养殖场的科学选址。

2. 掌握鸭场卫生隔离的主要内容。

3. 掌握病死鸭的无害化处理方法。

4. 掌握肉鸭场杀虫、灭鼠、控鸟的方法。

5. 了解肉鸭场消毒的分类方法。

6. 掌握常用消毒器械的使用方法和简单故障排除。

7. 掌握常用消毒剂的特点及选择方法。

8. 掌握空鸭舍消毒、带鸭消毒、饮水消毒、环境消毒的方法。

9. 掌握饲养员消毒时的自身防护措施。

10. 掌握肉鸭常用疫苗的种类、特点及用法。

11. 掌握肉鸭场免疫程序的制定方法。

12. 了解肉鸭疾病的药物预防保健措施和方法。

技能要求

掌握常用消毒药的配制方法。

养鸭场需要通过实施卫生防疫、消毒等生物安全体系、免疫接种和适当的药物预防等三种途径，来确保鸭群健康生长。在整个疾病防控体系中，三者通过不同的作用点起作用。生物安全体系主要通过隔离屏障系统，切断病原体的传播途径，通过清洗消毒减少和消灭病原体，是控制疾病的基础和根本；免疫接种则针对易感动物，通过针对性的免疫，增加机体对某个特定病原体的抵抗力；适当的药物预防保健，主要针对病原微生物，通过预防投药，减少病原微生物数量或将其杀死。三者相辅相成，以达到共同抗御疾病的目的。

第一节　肉鸭场的卫生防疫

一、肉鸭场科学合理的隔离区划

（一）肉鸭养殖场的科学选址

1. 水源充足，水活浪小

蛋鸭日常活动都与水有密切联系，洗澡、交配都离不开水，水上运动场是完整鸭舍的重要组成部分，所以养鸭的用水量特别大，要有廉价的自然水源，才能降低饲养成本。选择场址时，水源充足是首要条件，即使是干旱的季节，也不能断水（图4-1）。通常将鸭舍建在河

图4-1　水源要充足

湖之滨，水面尽量宽阔，水活浪小，水深为1~2米。如果是河流交通要道，不应选主航道，以免骚扰过多，引起鸭群应激。大型鸭场最好场内另建深井，以保证水源和水质。

2. 交通方便，不紧靠码头

鸭场的产品、饲料以及各种物资的进出，运输所需的费用相当大，建场时要选在交通方便，尽可能距离主要集散地近些，最好有公路、水路或铁路连接，以降低运输费用。但绝不能在车站、码头或交通要道（公路或铁路）的近旁建场，以免给防疫造成麻烦。而且，环境不安静，也会影响产蛋。

3. 地势高燥，排水良好

鸭场的地形要稍高一些，地势要略向水面倾斜，最好有5°~10°的坡度，以利排水；土质以沙质壤土最适合，雨后易干燥，不宜选在黏性太大的重黏土上建造鸭场，否则容易造成雨后泥泞积水。尤其不能在排水不良的低洼地建场，否则每年雨季到来时，鸭舍被水淹没，造成不可估量的损失。

4. 环境无污染

场址周围5千米内，绝对不能有禽畜屠宰场，也不能有排放污水或有毒气体的化工厂、农药厂，并且离居民点也要在3千米以上；鸭场所使用的水必须洁净，每100毫升水中的大肠杆菌数不得超过5 000个；溶于水中的硝酸盐或亚硝酸盐含量如超过50×10^{-6}，对鸭的健康有损害。针对以上情况，由于目前还缺乏有效的消除办法，应另找新的水源。尽可能在工厂和城镇的上游建场，以保持空气清新、水质优良、环境不被污染。

5. 朝向以坐北朝南最佳

鸭舍的位置要放在水面的北侧，把鸭滩和水上运动场放在鸭舍的南面，使鸭舍的大门正对水面向南开放，这种朝向的鸭舍，冬季采光面积大、吸热保温好；夏季又不受太阳直晒、通风好，具有冬暖夏凉的特点，有利于鸭子的产蛋和生长发育。

（二）场区区划隔离

1. 大型鸭场各区间划分

应当将行政区、生活区、生产区、粪污处理区独立分隔，保持一定的间距。生活区建有职工宿舍、食堂及其他生活服务设施等；行政区包括办公室、资料室、会议室、供电室、锅炉房、水塔、车库等；生产区包括洗澡、消毒、更衣室，饲养员休息室，鸭舍（育雏舍、育成舍、蛋鸭或肉鸭舍、种鸭舍），蛋库，饲料库，产品库，水泵房，机修室等；粪污处理区包括兽医室、病鸭舍、厕所、粪污处理池等。

2. 小型鸭场区划布局

小型鸭场各区划分与大型鸭场基本一致，只是在布局时，一般将饲养员宿舍、仓库、食堂放在最外侧的一端，将鸭舍放在最里端，以避免外来人员随便出入，也便于饲料、产品等的运输和装卸。

3. 区间规划布局原则

在进行鸭场规划布局时，一要便于管理，有利于提高工作效率，照顾各区间的相互联系；二要便于搞好防疫卫生工作，规划时要充分考虑风向和河道的上下游的关系；三是生产区应按作业的流程顺序安排；四要节约基建投资费用。

根据以上原则，具体规划时要将养鸭场各种房舍分区规划。按地势高低和主导风向，将各种房舍依防疫需要的先后次序，进行合理安排。如果地势与风向不一致，按防疫要求又不好处理，则以风向为主，地势原因形成的矛盾可通过增加设施的方法（如挖沟、设障等）加以解决。按主导风向考虑，行政区应设在与生产区风向平行的一侧，生活区设在行政区之后；按河道的上下游考虑，育雏舍、育成舍应在上游，产蛋鸭舍在其后，种鸭舍与上述鸭舍应有 300 米以上的距离。行政区与生活区应远离放鸭的河道，保证生活污水不排入河道中。从便于作业考虑，饲料仓库应位于生产区和行政区之间，并尽可能接近耗料最多的鸭舍；从防疫角度考虑，场内道路分清洁道和非清洁道，清洁道：用于运输活鸭、饲料、产品，非清洁道用于运输粪便、死鸭等污物。各个区之间应有围墙隔开，并在中间种草种花，设置绿化带。尤其是生产区，一定要有围墙，进入生产区内必须换衣、换鞋、消毒。生活区与生产区之间应保持一定距离。

4. 生产区布局设计

生产区是鸭场总体布局中的主体，设计时应根据鸭场的性质有所偏重，种鸭场应以种鸭舍为重点，商品蛋鸭场应以蛋鸭舍为重点，商品肉鸭场应以肉鸭舍为重点。各类鸭舍之间最好设绿化隔离带。

一个完整的平养鸭舍，通常包括鸭舍、鸭滩（陆上运动场）、水围（水上运动场）三部分。

（1）鸭舍 最基本的要求是向阳干燥、通风良好，能遮阴防晒、阻风挡雨、防止兽害（图4-2）。鸭舍的面积不要太大。一般的生产鸭舍宽度为8~10米，长度根据需要来定，但最好控制在100米以内，以便于管理和隔离消毒。舍内地面应比舍外高20~30厘米，以利于排水。一个大的鸭舍要分若干小间，每个小间的形状以正方形或接近正方形为好，便于鸭群在室内转圈活动。绝不能将小间隔成长方形，因为长方形较狭长，鸭在舍内运动时容易拥挤踏伤。

（2）鸭滩 是水面与鸭舍之间的陆地部分，是鸭子的陆地运动场（图4-3）。地面要平整，略向水面倾斜，不允许坑坑洼洼，以免蓄积污水。鸭滩的大部分地方是泥土地面，只在连接水面的倾斜处用水泥沙石作成倾斜的缓坡，坡度25°~30°，斜坡要深入水中，并低于枯水期的最低水位。鸭滩斜坡与水面连接处必须用砖石砌好，不能图一时省钱用泥土修建。由于这个斜坡是鸭每天上岸、下水的必经之路，使用率极高，而且上有风吹雨打，下有水浪拍击，非常容易损坏，必须在养鸭之前修得坚固、平整。有条件和资金充足的养鸭场，最好将鸭滩和斜坡用沙石铺底后，抹上水泥。这样的路既坚固，又方便清洁，在鱼鸭混养的鸭场还方便将鸭粪冲入鱼池。鸭滩出现坑洼要及时修复，

图4-2 鸭舍要向阳干燥，通风良好

图4-3 鸭滩（陆上运动场）

以利于鸭群活动。沙石路面的鸭滩，可用喂鸭后剩下的河蚌壳、螺蛳壳铺在滩上，这样即使在大雨过后，鸭滩仍可以保持排水良好，不会泥泞不堪。

（3）水围　必须有一定的水上运动场所，供鸭玩耍嬉戏、繁殖交尾等（图4-4）。水围的面积不应小于鸭滩。一般每100只鸭需要的水围面积为30~40米^2，且随鸭的年龄增长而增加。考虑到枯水季节水面要缩小，有条件的地方要尽可能围大一些。

在鸭舍、鸭滩、水围三部分的连接处，均需用围栏把它们围成一体，根据鸭舍的分间和鸭分群情况，每群隔成一个部分。陆上运动场的围栏高度为1米左右。水上运动场的围栏应超过最高水位0.5米、深入水下1米以上；如果用于育种或饲养试验的鸭舍，必须进行严格分群，围栏应深入水底，以免串群。有的地方将围栏做成活动的，围栏高1.5~2米，绑在固定的桩上，视水位高低而灵活升降，经常保持在水上0.5米、水下1~1.5米的水平。

陆上运动场：是水面和鸭舍之间的陆地部分，面积是鸭舍面积的1.5~2倍。

水上运动场：即水围。鸭子可以在水上运动场内玩耍嬉戏、繁殖交配等。

戏水池：缺乏大型池塘的鸭场在陆地上运动场外可以修建戏水池（图4-5），戏水池可因地制宜。鸭舍、陆上运动场、水上运动场（戏水池）面积适宜比例为1：（1.5~2）：（1.5~2）。

图4-4　水围（水上运动场）

图4-5　戏水池的面积和陆上运动场等大

（三）改革生产方式

逐步从简陋的人鸭共栖式小农生产方式改造为现代化、自动化的中小型养鸭场或小区式养鸭场，采用先进的科学养殖方法，保证肉鸭生活在最佳环境状态下。高密度的鸭场不仅有大量的肉鸭、大量的技术员、饲料运输及家禽运送人员在该地区活动，还可造成严重污染而导致更严重的危害事件，如禽流感事件。因此，要合理规划鸭棚密度，保持鸭场之间、鸭棚之间合理的距离和密度。

鸭场的大小与结构也应根据具体情况灵活掌握。过大的鸭场难以维持高水平的生产效益。所以在通常情况下，提倡发展中小型规模的标准化鸭场。当然，如果有足够的资金和技术支持，也可以建大型标准化鸭场。

合理划分功能单元，从人、鸭保健角度出发，按照各个生产环节的需要，合理划分功能区。应该提供可以隔离封锁的单元或区域，以便发生问题时进行紧急隔离。首先，鸭场设院墙或栅栏，分区隔离，一般谢绝参观，防止病原入侵，避免交叉感染，将社会疫情拒之门外；其次，根据土地使用性质的不同，把场区严格划分为生产区和生活区；根据道路使用性质的不同分为生产用路和污道。生产区和生活区要有隔墙或建筑物严格分开，生产区和生活区之间必须设置消毒间和消毒池，出入生产区和生活区，必须穿越消毒间和踩踏消毒池。

（四）鸭场人员驻守场内，人鸭分离

提倡饲养人员家中不养家禽，禁止与其他鸟类接触以防饲养人员成为肉鸭传染病的媒介。多用夫妻工，提倡夫妻工住在场内，提供夫妻宿舍，这样可避免工人外出的概率，进而避免与外界人员的接触，更好地保护鸭场安全。

二、鸭场环境卫生防疫控制与监测

（一）环境卫生防疫控制

鸭群天天会产大量的蛋，消耗能量多，对饲养和环境的要求也较高。鸭产蛋量的多少与鸭所在的环境也有一定的关系。鸭最适宜在水源清洁、场地宽敞、气候温和、空气新鲜和安静卫生的环境中生长和繁殖。如何提高鸭场环境卫生也是饲养员的重要任务。

1. 隔离卫生

隔离是指把养鸭生产和生活的区域与外界相对分隔开，避免各种传播媒介与鸭的接触，减少外界病原微生物进入鸭的生活区，从而切断传播途径。隔离应该从全方位、立体的角度进行。

（1）鸭场选址与规划中的隔离

① 鸭场选址的隔离。选址时要充分考虑自然隔离条件，与人员和车辆相对集中、来往频繁的场所（如村镇、集市、学校等）要保持相对较远的距离，以减少人员和车辆对鸭养殖场的污染；远离屠宰场和其他养殖场、工厂等，以减少这些企业所排放的污染物对鸭的威胁。比较理想的自然隔离条件是场址处于山窝内或林地间，这些地方其他污染源少，外来的人员和车辆少，其他家养动物也少，鸭场内受到的干扰和污染概率低。对于农村养鸭场的选址，也可考虑在农田中间，这样在鸭场四周是庄稼，也能起到良好的隔离保护效果。

② 鸭舍建造的隔离设计。鸭舍建造时要注意，要让护栏结构能有效阻挡老鼠、飞鸟和其他动物、人员进入。鸭舍之间留有足够的距离，能够避免鸭舍内排出的污浊空气进入相邻的鸭舍。

③ 隔离围墙与隔离门。为了有效阻挡外来人员和车辆随意进入鸭饲养区，要求鸭场周围设置围墙（包括砖墙和带刺的铁丝网等）。在鸭场大门、进入生产区的大门处都要有合适的阻隔设备，能够强制性地阻拦未经许可的人员和车辆进入。对于许可进入的人员和车辆，必须经过合理的消毒环节后方可从特定通道入内。

④ 绿化隔离。绿化是鸭场内实施隔离的重要举措。青草和树木能够吸附大量的粉尘和有害气体及微生物，能够阻挡鸭舍之间的气流流动，调节场内小气候。按照要求，在鸭场四周、鸭舍四周、道路两旁都要种植乔木、灌木和草，全方位实行绿化隔离。

⑤ 水沟隔离。在鸭场周围开挖水沟或利用自然水沟建设鸭场，是实施鸭场与外界隔离的另一种措施。其目的也是阻挡外来人员、车辆和大动物的进入。

（2）场区与外界的隔离

① 与其他养殖场之间保持较大距离。任何类型的养殖场都会不断地向周围排放污染物，如氮、磷、有害元素、微生物等。养殖场普

遍存在蚊蝇、鼠雀，而这些动物是病原体的主要携带者，它们的活动区域集中在场区内和外围附近地区。与其他养殖场保持较大距离就能够较好地减少由于刮风、鼠雀和蚊蝇活动把病原体带入本场内。

②与人员活动密集度场所保持较大距离。村庄、学校、集市是人员和车辆来往比较频繁的地方。而这些人员和车辆来自四面八方，很有可能来自疫区。如果鸭场离这些场所近，则来自疫区的人员和车辆所携带的病原体就可能扩散到场区内，威胁本场鸭的安全。另外，与村庄和学校近，养鸭场所产生的粪便、污水、难闻的气味、滋生的蚊蝇、老鼠等都会给人的生活环境带来不良影响。此外，离村庄太近，村庄内饲养的家禽也有可能会跑到鸭场来，而这些散养的家禽免疫接种不规范，携带病原体的可能性很大，会给养鸭场带来极大的疫病威胁。

根据《动物防疫条件审查办法》（农业部令2010年第7号）第二章第五条规定：动物饲养场、养殖小区选址应当符合下列条件：

距离生活饮用水源地、动物屠宰加工场所、动物和动物产品集贸市场500米以上；距离种畜禽场1000米以上；距离动物诊疗场所200米以上；动物饲养场（养殖小区）之间距离不少于500米；

距离动物隔离场所、无害化处理场所3000米以上；

距离城镇居民区、文化教育科研等人口集中区域及公路、铁路等主要交通干线500米以上。

③与其他污染源产生地保持较大距离。动物屠宰加工厂、医院、化工厂等所产生的废物、废水、废气中都带有威胁动物健康的污染源，如果养鸭场离这些场所太近，也容易被污染。

④与交通干线保持较大距离。在交通干线上每天来往的车辆多，其中就有可能有来自疫区的车辆、运输畜禽的车辆以及其他动物产品的车辆。这些车辆在通行的时候，随时都有可能向所通过的地方排毒，对交通干线附近造成污染。从近年来家禽疫病流行的情况看，与交通干线相距较近的地方也是疫病发生比较多的地方。

⑤与外来人员和车辆、物品的隔离。来自本场以外的人员、物品和车辆都有可能是病原体的携带者，也都可能会给本场的安全造成威胁。生产上，外来人员和车辆是不允许进入养鸭场的，如果确实必须

进入，则必须经过更衣、淋浴、消毒，才能从特定的通道进入特定的区域。外来的物品一般只在生活和办公区使用，需要进入生产区的也必须进行消毒处理。其中，从场外运进来的袋装饲料在进入生产区之前，有条件的也要对外包装进行消毒处理。

（3）场区内的隔离

① 管理人员与生产一线人员的隔离。饲养人员是指直接从事鸭饲养管理的人员，一般包括饲养员、人工授精人员和生产区内的卫生工作人员。非直接饲养人员则指鸭场内的行政管理人员、财务人员、司机、门卫、炊事员和购销人员等。

非直接饲养人员与外界的联系较多，接触病原的机会也较多，因此，减少他们与饲养人员的接触也是减少外来病原进入生产区的重要措施。

② 不同生产小区之间的隔离。在规模化养鸭场会有多个生产小区，不同小区内饲养不同类型的鸭（主要是不同生理生长阶段或性质的鸭），而不通过生理阶段的鸭对疫病的抵抗力、平时的免疫接种内容、不同疫病的易感性、粪便和污水的产生量都有差异，因此，需要做好相互之间的隔离管理。

③ 饲养管理人员之间的隔离。在鸭场内不同鸭舍的饲养人员不应该相互来往，因为不同鸭舍内鸭的周龄、免疫接种状态、健康状况、生产性质等都可能存在差异，饲养人员的频繁来往会造成不同鸭舍内疫病相互传播的危险。

④ 不同鸭舍之间物品的隔离。与不同鸭舍饲养人员不能相互来往的要求一样，不同鸭舍内的物品也会带来疫病相互传播的潜在威胁。要求各个鸭舍饲养管理物品必须固定，各自配套。公用的物品在进入其他鸭舍前必须进行消毒处理。

⑤ 场区内各鸭舍之间的隔离。在一般的养鸭场内部可能会同时饲养有不同类型或年龄阶段的鸭。尽管在养鸭场规划设计的时候进行了分区设计，使相同类型的鸭集中饲养在一个区域内，但是它们之间还存在相互影响的可能。例如，鸭舍在使用过程中由于通风换气，舍内的污浊空气（含有有害气体、粉尘、病原微生物等）向舍外排放，若各鸭舍之间的距离较小，则从一栋鸭舍内排放出的污浊空气就会进入

到相邻的鸭舍，造成舍内鸭被感染。

⑥ 严格控制其他动物的滋生。鸟雀、昆虫和啮齿类动物在鸭场内的生活密度要比外界高 3~10 倍，它们不仅是疾病传播的重要媒介，而且会使平时的消毒效果显著降低。同时，这些动物还会干扰家禽的休息，造成惊群，甚至吸取鸭的血液。因此，控制这些动物的滋生是控制鸭病的重要措施之一。

预防鸟雀进入鸭舍的主要措施包括：把屋檐下的空隙堵严实、门窗外面加罩金属网。预防蚊蝇的主要措施是：减少场区内外的积水，粪便要集中堆积发酵；下水道、粪便和污水要定期清理消毒，喷洒蚊蝇杀灭药剂；减少粪便中的含水率等。老鼠等啮齿类动物的控制则主要靠堵塞鸭舍外围护结构上的空隙，定期定点放置老鼠药等。

2. 粪便无害化处理

（1）鸭场粪污对生态环境的污染　养鸭场在为市场提供鸭产品时，大量的粪便和污水也在不断地产生。污物大多为含氮、磷物质，未经处理的粪尿一部分氮挥发到大气中增加了大气中的氮含量，严重的构成酸雨，危害农作物；其余的大部分被氧化成硝酸盐渗入地下，或随地表水流入河道，造成更为广泛的污染，致使公共水系中的硝酸盐含量严重超标。磷排入江河会严重污染水质，造成藻类和浮游生物的大量繁殖。鸭的配合饲料中含有较高的微量元素，经消化吸收后多余的随排泄物排出体外，其粪便作为有机肥料播撒到农田中去，长此以往，将导致磷、铜、锌等其他有害微量元素在环境中的富集，从而对农作物产生毒害作用。

另外，粪便通常带有致病微生物，容易造成土壤、水和空气的污染，从而导致禽传染病、寄生虫病的传播。

（2）解决鸭场污染的主要途径

① 总体规划、合理布局、加强监管。为了科学规划畜牧生产布局、规范养殖行为，避免因布局不合理而造成对环境的污染，畜牧、土地、环保等部门要明确职责、加强配合。畜牧部门应会同土地、环保部门依据《畜牧法》等法律法规并结合村镇整体规划，划定禁养区、限养区及养殖发展区。在禁养区内禁止发展养殖，已建设的畜禽养殖场，通过政策补贴等措施限期搬迁；在限养区内发展适度规模养殖，

严格控制养殖总量；在养殖区内，按标准化要求，结合自然资源情况决定养殖品种及规模，对畜禽养殖场排放污物，环保部门开展不定期的检测监管，督促各养殖场按国家《畜禽养殖粪污排放标准》达标排放。今后，要在政府的统一指挥协调下对养殖行为形成制度化管理，土地部门对养殖用地在进行审批时，必须有畜牧、环保部门的签字意见方可审批。

② 提升养殖技术，实现粪污减量化排放。加大畜牧节能环保生态健康养殖新技术的普及力度。如通过推广微生物添加剂的方法提高饲料转化率，促进饲料营养物质的吸收，减少含氮物的排放；通过运用微生物发酵处理发展生物发酵床养殖，应用"干湿粪分离"、雨水与污水分开等技术减少污物排放；通过"污物多级沉淀、厌氧发酵"等实现污物达标排放。在新技术的推动下，发展健康养殖，达到节能减排的目的。

③ 开辟多种途径，提高粪污资源化利用率。根据市场需求，利用自然资源优势，发挥社会力量，多渠道、多途径开展养殖粪污治理，变废为宝。

（3）粪便污水的综合利用技术

① 发展种养结合养殖模式。在种植区域建设适度规模的养殖场，使粪污处理能力与养殖规模相配套，养殖粪污通过堆放腐熟施入农田，实现农牧结合处理粪污。

② 实施沼气配套工程。养殖场配套建设适度规模的沼气池，利用厌氧产沼技术，将粪污转化为生活能源及植物有机肥，实现粪污资源再利用，达到减排的目的（养鸭场沼气配套工程示意图见图4-6）。根据对部分养殖场的调查，由于技术、沼渣沼液处置等多方面原因，农户中途放弃使用沼气池的现象较为普遍。因此，要加强跟踪服务工作，提高管理水平，避免出现沼气池成"摆设"。

③ 开展深加工，实现粪污商品化。从养殖业长期历史习惯以及养殖业主经济实力来看，按"谁污染谁治理"的原则，目前大多数规模养殖场（户）很难自行解决粪污治理问题。政府必须通过政策扶持、资金奖励等方式引导社会企业开发粪污处理技术，建设有机肥料加工厂。将养殖行业的粪污"收购"后，运用现代加工技术生产成包装好、

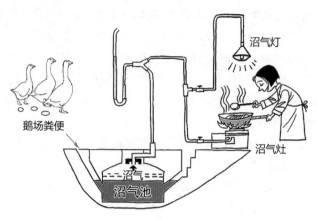

图4-6 养鸭场沼气配套工程示意图

运输方便，使用简单、效果好的有机肥成品出售，为种植、水产养殖户提供生态、环保、物美价廉的有机肥料产品。既解决养殖污染问题，又充分利用资源，优化了种植和养殖环境，实现了资源循环利用。在条件成熟的情况下，也可依照城市垃圾发电的模式，开发利用养殖粪污发电等项目。

3. 病死鸭无害化安全处理

病死鸭必须及时地无害化处理病死畜禽尸体，坚决不能图一私利而出售。处理方法有以下几种。

（1）焚烧法 焚烧也是一种较完善的方法，但不能利用产品，且成本高，故不常用。但对一些危害人、畜健康极为严重的传染病病畜的尸体，仍有必要采用此法。焚烧时，先在地上挖一十字形沟（沟长约2.6米，宽0.6米，深0.5米），在沟的底部放木柴和干草作引火用，于十字沟交叉处铺上横木，其上放置畜尸，畜尸四周用木柴围上，然后洒上煤油焚烧，尸体烧成黑炭为止。或用专门的焚烧炉焚烧。

（2）高温处理法 此法是将畜禽尸体放入特制的高温锅（温度达150℃）内或有盖的大铁锅内熬煮，达到彻底消毒的目的。鸭场也可用普通大锅，经100℃以上的高温熬煮处理。此法可保留一部分有价值的产品，但要注意熬煮的温度和时间，必须达到消毒的要求。

（3）土埋法 是利用土壤的自净作用使其无害化。此法虽简单但不理想，因其无害化过程缓慢，某些病原微生物能长期生存，从而污染土壤和地下水，并会造成二次污染，所以不是最彻底的无害化处理方法。采用土埋法必须遵守卫生要求，埋尸坑远离畜舍、放牧地、居民点和水源，地势高燥，尸体掩埋深度不小于 2 米。掩埋前在坑底铺上 2~5 厘米厚的石灰，尸体投入后，再撒上石灰或洒上消毒药剂，埋尸坑四周最好设栅栏并做上标记。

（4）发酵法　将尸体抛入尸坑内，利用生物热的方法进行发酵，从而起到消毒灭菌的作用。尸坑一般为井式，深达 9~10 米，直径 2~3 米，坑口有一个木盖，坑口高出地面 30 厘米左右。将尸体投入坑内，堆到距坑口 1.5 米处，盖封木盖，经 3~5 个月发酵处理后，尸体即可完全腐败分解。

在处理畜尸时，不论采用哪种方法，都必须将病畜的排泄物、各种废弃物等一并进行处理，以免造成环境污染。

4. 使用环保型饲料

考虑营养而不考虑环境污染的日粮配方，会给环境造成很大的压力，并带来浪费和污染，同时，也会污染鸭的产品。由于鸭对蛋白质的利用率不高，饲料中 50%~70% 的氮以粪氮和尿氮的方式排出体外，其中一部分氮被氧化成硝酸盐。此外，一些未被吸收利用的磷和重金属等渗入地下或地表水中，或流入江河，从而造成广泛的污染。

资料表明，如果日粮干物质的消化率从 85% 提高到 90%，那么随粪便排出的干物质可减少 1/3，日粮蛋白质减少 2%，粪便排泄量就降低 20%。粪污的恶臭主要由蛋白质腐败产生，如果提高日粗蛋白质的消化率或减少蛋白质的供给量，那么臭气物质的产生将大大减少。按可消化氨基酸配制日粮，补充必要氨基酸和植酸酶等，可提高氮、磷的利用率，减少氮、磷的排泄。营养平衡配方技术、生物技术、饲料加工工艺的改进、饲料添加剂的合理使用等新技术的出现，为环保饲料指明了方向。

5. 场区绿化

鸭场的绿化是企业文明生产的标志，绿化不仅可以美化环境，改善鸭场的自然面貌，而且对鸭场的环境保护、提高生产经济效益有明显的作用。

此外，可以在不影响禽舍通风的情况下，在舍外空地、运动场、隔离带种植树木、藤蔓植物和草坪等，这些植物能降低细菌含量，还可除尘、除臭、防大风、防噪声等作用，对改善舍外环境有很大的帮助。也可采用先进的环保技术，提高环境卫生条件，最好不要用垫料。

6. 杀虫、灭鼠、控鸟

鸭场进行杀虫、灭鼠以消灭传染媒介和传染源，也是防疫的一个重要内容，鸭舍附近的垃圾、污水沟、乱草堆，常是昆虫、老鼠滋生的场所，因此要经常清除垃圾、杂物和乱草堆，搞好鸭舍外的环境卫生，对预防某些疫病具有十分重要的实际意义。

（1）杀虫　某些节肢动物如蚊、蝇、虻等和体外寄生虫如螨、虱、蚤等生物，不但骚扰正常的鸭，影响生长和产蛋，而且还携带病原体，直接或间接传播疾病。因此，要设法杀灭。

杀虫先做好灭蚊蝇工作。保持鸭舍的良好通风，避免饮水器漏水，经常清除粪尿，减少蚊蝇繁殖的机会。

使用杀虫药蝇毒磷（0.02%~0.05%）等杀虫药，每月在鸭舍内外和蚊蝇滋生的场所喷洒 2 次。黑光灯是一种专门用来灭蝇的装于特制的金属盒里的电光灯，灯光为紫色，苍蝇有趋向这种光的特性，而向黑光灯飞扑，当它触及带有负电荷的金属网即被电击而死。

（2）灭鼠　老鼠在藏匿条件好、食物充足的情况下，每年可产6~8 窝幼仔，每窝 4~8 只，一年可以猛增几十倍，繁殖速度快得惊人。养鸭场的小气候适于鼠类生长，众多的管道孔穴为老鼠提供了躲藏和居住的条件，鸭的饲料又为它们提供了丰富的食物，因而一些对鼠类失于防范的鸭场，往往老鼠很多，危害严重。养鸭场的鼠害主要表现在四个方面：一是咬死咬伤草鸭苗；二是偷吃饲料，咬坏设备；三是传播疾病，老鼠是鸭新城疫、球虫病、鸭慢性呼吸道病等许多疾病的传播者；四是侵扰鸭群，影响鸭的生长发育和产蛋，甚至引起应激反应使鸭死亡。

① 建鸭场时要考虑防鼠设施。墙壁、地面、屋顶不要留有孔穴等鼠类隐蔽处所，水管、电线、通风孔道的缝隙要塞严，门窗的边框要与周围接触严密，门的下缘最好用铁皮包镶，水沟口、换气孔要安装孔径小于 3 厘米的铁丝网。

② 随时注意防止老鼠进入鸭舍。发现防鼠设施破损要及时修理。鸭舍不要有杂物堆积。出入鸭舍随手关门。在鸭舍外留出至少 2 米的开放地带，便于防鼠。因为鼠类一般不会穿越如此宽的空间，不能无限度地扩大两栋鸭舍间的植物绿化带，鸭舍周围不种植植被或只种植低矮的草，这样可以确保老鼠无处藏身。清除场区的草丛、垃圾，不给老鼠留有藏身条件。

③ 断绝老鼠的食源、水源。饲料要妥善保管，喂鸭抛撒的饲料要随时清理。切断老鼠的食源、水源。

④ 灭鼠。灭鼠要采取综合措施，使用捕鼠夹、捕鼠笼、粘鼠胶等捕鼠方法和应用杀鼠剂灭鼠。杀鼠剂可选用敌鼠钠盐、杀鼠灵等。其中敌鼠钠盐、杀鼠灵对鸭毒性较小，使用比较安全。毒饵要投放在老鼠出没的通道，长期投放效果较好。

（3）控制鸟类　鸟类与鼠类相似，不但偷食饲料、骚扰动物，还能传播大量疫病，如新城疫、禽流感等。控制鸟类对防制鸭传染病有重要意义。控制鸟类的主要措施是在圈舍的窗户、换气孔等处安装铁丝网或纱窗，以防止各种鸟类的侵入。

（二）严格卫生防疫制度和监测

要真正搞好鸭场的环境保护，必须以严格的卫生防疫制度作保证。加强环保知识的宣传，建立和健全卫生防疫制度是搞好鸭场环境保护工作的保障，应将鸭场的环境保护问题纳入鸭场管理的范畴，应经常向职工宣传环保知识，使大家认识到环境保护与鸭场经济效益和个人切身利益密切相关。制定切实的措施，并抓好落实。同时搞好环境监测，环境卫生监测包括空气、水质和土壤的监测，应定期进行，为鸭舍环保提供依据。

对鸭场空气环境的控制在建场时即须确保无公害鸭场不受工矿企业的污染，鸭场建成后据其周围排放有害物质的工厂监测特定的指标，有氯碱厂则监测氯，有磷肥厂则监测氟。无公害鸭舍内空气的控制除常规的温湿度监测外，还涉及氨气、硫化氢、二氧化碳、悬浮微粒和细菌总数，必要时还须不定期监测鸭场及鸭舍的臭气。

水质的控制与监测在选择鸭场时即进行，主要据供水水源性质而定。若用地下水，据当地实际情况测定水感官性状（颜色、浊度和臭味等）、细菌学指标（大肠菌群数和蛔虫卵）和毒理学指标（氟化物和铅等），不符合无公害标准时，分别采取沉淀和加氯等措施。鸭场投产后据水质情况进行监测，一年测1~2次。

无公害肉鸭生产逐渐向集约化方向发展，较少直接接触土壤，其直接危害作用少，主要表现为种植的牧草和饲料危害肉鸭。土壤控制和监测在建场时即进行，之后可每年用土壤浸出液监测1~2次，测定指标有硫化物、氯化物、铅等毒物、氮化物等。

第二节　肉鸭场的消毒

消毒指用物理的、化学的和生物的方法杀灭物体中及环境中的病原微生物。而对非病原微生物及其芽孢（真菌）孢子并不严格要求全部杀死。其目的是预防和防止疾病的传播和蔓延。

消毒是预防疾病的重要手段，它可以杀灭和消除传染媒介上的病原微生物，使之达到无害化处理，切断疾病传播途径，达到预防和扑灭疾病的目的。

若将传播媒介上所有微生物（包括病原微生物和非病原微生物及其芽孢、霉菌孢子等）全部杀灭或消除，达到无菌程度，则称灭菌，灭菌是最彻底的消毒。对活组织表面的消毒，又称抗菌。阻止或抑制微生物的生长繁殖叫做防腐或抑菌，有的也将之作为一种消毒措施。杀灭人、畜体组织内的微生物则属于治疗措施，不属于消毒范畴。

一、消毒的分类

（一）按消毒目的分

根据消毒的目的不同，可分为疫源地消毒、预防性消毒。

1. 疫源地消毒

指有传染源（病鸭或病原携带者）存在的地区，进行消毒，以免病原体外传。疫源地消毒又分为随时消毒和终末消毒两种。

（1）随时消毒　是指鸭场内存在传染源的情况下开展的消毒工作，其目的是随时、迅速杀灭刚排出体外的病原微生物。当鸭群中有个别或少数鸭发生一般性疫病或有突然死亡现象时，立即对所在栏舍进行局部强化消毒，包括对发病和死亡鸭只的消毒及无害化处理，对被污染的场所和物体的立即消毒。这种情况的消毒需要多次反复的进行。

（2）终末消毒　是采用多种消毒方法对全场或部分鸭舍进行全方位的彻底清理与消毒。当被某些烈性传染病感染的鸭群已经死亡、淘汰或痊愈，传染源已不存在，准备解除封锁前应进行大消毒。在全进全出生产系统中，当鸭群全部从栏舍中转出后，对空栏及有关生产工具要进行大消毒。春秋季节气候温暖，适宜于各种病原微生物的生长繁殖，因此，春秋两季要进行常规大消毒。

2. 预防性消毒

也叫日常消毒，是指未发生传染病的安全鸭场，为防止传染病的传入，结合平时的清洁卫生工作、饲养管理工作和门卫制度对可能受病原污染的鸭舍、场地、用具、饮水等进行的消毒。主要包括以下内容。

（1）定期消毒　根据气候特点、本场生产实际，对栏舍、舍内空气、饲料仓库、道路、周围环境、消毒池、鸭群、饲料、饮水等制订具体的消毒日期，并且在规定的日期进行消毒。例如，每周一次带鸭消毒，安排在每周三下午；周围环境每月消毒一次，安排在每月初的某一晴天。

（2）生产工具消毒　食槽、水槽（饮水器）、笼具、刺种针、注射器、针头、孵化器等用前必须消毒，每用一次必须消毒一次。

（3）人员、车辆消毒　任何人、任何车辆、任何时候进入生产区均应经严格消毒。

（4）鸭只转栏前对栏舍的消毒　转栏前对准备转入鸭只的栏舍彻底清洗、消毒。

（5）术部消毒　鸭的免疫注射部位应该消毒。

（二）按消毒程度分

1. 高水平消毒

杀灭一切细菌繁殖体，包括分枝杆菌、病毒、真菌及其孢子和绝大多数细菌芽孢。达到高水平消毒常用的方法包括：氯制剂、二氧化氯、邻苯二甲醛、过氧乙酸、过氧化氢、臭氧、碘酊等，在规定的条件下，以合适的浓度和有效的作用时间进行消毒的方法。

2. 中水平消毒

杀灭除细菌芽孢以外的各种病原微生物，包括分枝杆菌。达到中水平消毒常用的消毒剂包括：碘类（碘伏、氯己定碘等）、醇类和氯己定碘的复方、醇类和季铵盐类化合物的复方、酚类等，在规定的条件下，以合适的浓度和有效的作用时间进行消毒的方法。

3. 低水平消毒

能杀灭细菌繁殖体（分枝杆菌除外）和亲脂类病毒的化学消毒方法以及通风换气、冲洗等机械除菌法。如采用季铵盐类（苯扎溴铵等）、双胍类消毒剂（氯己定）等，在规定的条件下，以合适的浓度和有效的作用时间进行消毒的方法。

二、常用消毒设备

（一）物理消毒常用设备

1. 机械清扫、冲洗设备

机械清扫、冲洗设备主要是高压清洗机，是通过动力装置使高压柱塞泵产生高压水来冲洗物体表面的机器。它能将污垢剥离、冲走，达到清洗物体表面的目的。因为是使用高压水柱清理污垢，所以高压清洗也是世界公认最科学、经济、环保的清洁方式之一。主要用途是冲洗养殖场场地、畜禽圈舍建筑、养殖场设施设备、车辆和喷洒药剂等。

高压清洗机可分为冷水高压清洗机、热水高压清洗机。两者最大的区别在于，热水清洗机加了一个加热装置，利用燃烧缸把水加热。

2. 紫外线灯

紫外线是一种低能量电磁波，具有较好的杀菌作用。紫外线消毒仅需几秒钟即可对细菌、病毒、真菌、芽孢、衣原体等达到灭活效果，而且运行操作简便，基建投资及运行费用低，因此被广泛应用于畜禽养殖场消毒。

① 空气消毒均采用紫外线照射时，采用固定式安装，将灯固定吊装在天花板或墙壁上，离地面2.5米左右。灯管下安装金属反射罩，

使紫外线反射到天花板上，安装在墙壁上的，反光罩斜向上方，使紫外线照射在与水平面呈 3°~80° 角范围内，这样使上部空气受到紫外线的直接照射，而当上下层空气对流交换（人工或自然）时，整个空气都会受到消毒。通常每 6~15 米³ 空间用 1 支 15 瓦的紫外线灯。

对实验室、更衣室空气的消毒，在直接照射时每 9 米² 地板面积需要 1 支 30 瓦的紫外线灯。人员进出场区，要通过消毒间，经过紫外线照射消毒。

空气消毒时，室内的所有的柜门、抽屉等都要打开，保证消毒室所有空间充分暴露，都能得到紫外线的照射，做到消毒无死角。

② 关灯后立即开灯，会减少灯管寿命，应冷却 3~4 分钟后再开，可以连续使用 4 小时，通风散热要好，以保持灯管寿命。

③ 应随时保持消毒室的清洁干燥，每天用消毒液浸泡后的专用抹布擦拭消毒室。用专用拖把拖地。

④ 规范紫外线灯日常监测登记，必须做到分室、分盏进行登记，登记簿本中有灯管启用日期、每天消毒时间、累计时间、执行者签名等内容，要求消毒后如实做好记录。

⑤ 紫外线也可对水进行消毒，优点是水中不必添加其他消毒剂或提高温度。紫外线在水中的穿透力随深度的增加而降低。水中杂质对紫外线穿透力的影响更大。

对水消毒的装置，可呈管道状，使水由一侧流入，另一侧流出；紫外线灯管不能浸于水中，以免降低灯管温度，减少输出强度；流过的水层不宜超过 2 厘米。

直流式紫外线水液消毒器，使用 30 瓦灯管 1 支，每小时可处理约 2 000 升水；套管式紫外线水液消毒器，使水沿外管壁形成薄层流到底部，接受紫外线的充分照射，每小时可生产 150 升无菌水。

⑥ 在进行紫外线消毒的时候，还要注意保护好个人的眼睛和皮肤，因为紫外线会损伤角膜、皮肤上皮。在进行紫外线消毒的时候，最好不要进入正在消毒的房间。如果必须进入，最好戴上防紫外线的护目镜。

同时，紫外线灯管表面应经常（一般 2 周 1 次）用酒精棉球轻轻擦拭，除去上面的灰尘和油垢，减少对紫外线穿透力的影响；紫外线肉眼看不见，有条件的鸭场应定期测量灯管的输出强度，没有条件的可逐日记录使用时间，以判断是否达到使用期限；消毒时，房间内应保持清洁、干燥，空气中不应有灰尘和水雾，温度保持在20℃以上，相对湿度不宜超过60％；紫外线不能穿透的表面（如纸、布等），只有直接照射的一面才能达到消毒目的，因而要按时翻动，使各面都能受到有效照射；人员进场需要进行紫外线消毒时，消毒时间不能过长，以每次消毒5分钟为宜；不能让紫外线直接长期照射人的体表和眼睛。

3. 干热灭菌设备

干热灭菌法是热力消毒、灭菌常用的方法之一，它包括焚烧、烧灼和热空气法。

焚烧是用于传染病畜禽尸体、病畜禽垫草、病料以及污染的杂草、地面等的灭菌，可直接点燃或在炉内焚烧；烧灼是直接用火焰进行灭菌，适用于微生物实验室的接种针、接种环、试管、玻璃片等耐热器材的灭菌；热空气法是利用干热空气进行灭菌，主要用于各种耐热玻璃器皿，如试管、吸管、烧瓶及培养皿等实验器材的灭菌。这种灭菌法是在一种特制的电热干燥器内进行的。由于干热的穿透力低，因此，箱内温度上升到160℃后，保持2小时才可保证杀死所有的细菌及其芽孢。

（1）干热灭菌器　干热灭菌器也就是烤箱，是由双层铁板制成的方形金属箱，外壁内层装有隔热的石棉板。箱底下放置大型火炉，或在箱壁中装置电热线圈。内壁上有数个孔，供流通空气用。箱前有铁门及玻璃门，箱内有金属箱板架数层。电热烤箱的前下方装有温度调节器，可以保持所需的温度。

使用干热灭菌器时，将培养皿、吸管、试管等玻璃器材包装后放入箱内，闭门加热。当温度上升至160~170℃时，保持温度2小时，到达时间后，停止加热，待温度自然下降至40℃以下，方可开门取物，否则冷空气突然进入，易引起玻璃炸裂；且热空气外溢，往往会灼伤取物者的皮肤。一般吸管、试管、培养皿、凡士林、液体石蜡等均可用本法灭菌。

（2）火焰灭菌设备　火焰灭菌法是指用火焰直接烧灼的灭菌方法。该方法灭菌迅速、可靠、简便，适合于耐火材料（如金属、玻璃及瓷器等）与用具的灭菌，不适合药品的灭菌。

4. 湿热灭菌设备

湿热灭菌法是热力消毒和灭菌的一种常用方法，包括煮沸消毒法、流通蒸汽消毒法和高压蒸汽灭菌法。

（1）消毒锅　用于煮沸消毒，适用于一般器械如刀剪、注射器等金属和玻璃制品及棉织品等的消毒。这种方法简单、实用、杀菌能力比较强，效果可靠，是最古老的消毒方法之一。消毒锅一般使用金属容器，煮沸消毒时要求水沸腾后 5~15 分钟，一般水温能达到 100℃，细菌繁殖体、真菌、病毒等可立即死亡。而细菌芽孢需要的时间比较长，要 15~30 分钟，有的要几个小时才能杀灭。

煮沸消毒时，要注意以下几个问题。

① 煮沸消毒前，应将物品洗净。易损坏的物品用纱布包好再放入水中，以免沸腾时互相碰撞。不透水物品应垂直放置，以利水的对流。水面应高于物品。消毒器应加盖。

② 消毒时，应自水沸腾后开始计算时间，一般需 15~20 分钟（各种器械煮沸消毒时间见表 4-1）。对注射器或手术器械灭菌时，应煮沸 30~40 分钟。加入 2% 碳酸钠，可防锈，并可提高沸点（水中加入 1% 碳酸钠，沸点可达 105℃），加速微生物死亡。

表 4-1　各种器械煮沸消毒参考时间

消毒对象	消毒参考时间（分钟）
玻璃类器材	20~30
橡胶类及电木类器材	5~10
金属类及搪瓷类器材	5~15
接触过传染病料的器材	>30

③ 对棉织品煮沸消毒时，一次放置的物品不宜过多。煮沸时应略加搅拌，以利于水的对流。物品加入较多时，煮沸时间应延长到 30 分钟以上。

④ 消毒时物品间勿贮留气泡；勿放入能增加黏稠度的物质。消毒过程中，水应保持连续煮沸，中途不得加入新的污染物品，否则消毒

时间应从水再次沸腾后重新计算。

⑤ 消毒时，物品因无外包装，事后取出和放置时谨防再污染。对已灭菌的无包装医疗器材，取用和保存时应严格按无菌操作要求进行。

（2）高压蒸汽灭菌器

① 结构。高压蒸汽灭菌器是一个双层的金属圆筒，两层之间盛水，外层坚固厚实，其上方有金属厚盖，盖旁附有螺旋，借以紧闭盖门，使蒸汽不能外溢，因而蒸汽压力升高，随着其温度亦相应地增高。

高压蒸汽灭菌器上装有排气阀门、安全活塞，以调节蒸汽压力。有温度计及压力表，以表示内部的温度和压力。灭菌器内装有带孔的金属搁板，用以放置要灭菌物体。

② 使用方法。加水至外筒内，被灭菌物品放入内筒。盖上灭菌器盖，拧紧螺旋使之密闭。灭菌器下用煤气或电炉等加热，同时打开排气阀门，排净其中冷空气，否则压力表上所示压力并非全部是蒸汽压力，灭菌将不完全。

待冷空气全部排出后（即水蒸气从排气阀中连续排出时），关闭排气阀。继续加热，待压力表渐渐升至所需压力时（一般是 101.53 千帕，温度为 121.3℃），调节炉火，保持压力和温度（注意压力不要过大，以免发生意外），维持 15～30 分钟。灭菌时间到达后，停止加热，待压力降至零时，慢慢打开排气阀，排除余气，开盖取物。切不可在压力尚未降为零时突然打开排气阀门，以免灭菌器中液体喷出。

高压蒸汽灭菌法为湿热灭菌法，其优点有三：一是湿热灭菌时菌体蛋白容易变性，二是湿热穿透力强，三是蒸气变成水时可放出大量热增强杀菌效果，因此，它是效果最好的灭菌方法。凡耐高温和潮湿的物品，如培养基、生理盐水、衣服、纱布、棉花、敷料、玻璃器材、传染性污物等都可应用本法灭菌。

（3）流通蒸汽灭菌器　流通蒸汽消毒设备的种类很多，比较理想的是流通蒸汽灭菌器。

流通蒸汽灭菌器由蒸汽发生器、蒸汽回流、消毒室和支架等构成。蒸汽由底部进入消毒室，经回流罩再返回到蒸汽发生器内，这种蒸汽消耗少，只需维持较小火力即可。

流通蒸汽消毒时，消毒时间应从水沸腾后有蒸汽冒出时算起，消毒时间同煮沸法，消毒物品包装不宜过大、过紧，吸水物品不要浸湿后放入；因在常压下，蒸汽温度只能达到100℃，维持30分钟只能杀死细菌的繁殖体，不能杀死细菌芽孢和霉菌孢子，所以有时必须使用间歇灭菌法，即用蒸汽灭菌器或用蒸笼加热至约100℃维持30分钟，每天进行1次，连续3天。每天消毒完后都必须将被灭菌的物品取出放在室温或37℃温箱中过夜，提供芽孢发芽所需的条件。对不具备芽孢发芽条件的物品不能用此法灭菌。

（二）化学消毒常用设备

1. 喷雾器

喷洒消毒、喷雾免疫时常用的是喷雾器。喷雾器有背负式喷雾器和机动喷雾器。背负式喷雾器又有压杆式喷雾器和充电式喷雾器，使用于小面积环境消毒和带鸭消毒。机动喷雾器按其所使用的动力来划分，主要有电动（交流电或直流电）和气动两种，每种又有不同的型号，适用于鸭舍外环境和空舍消毒，在实际应用时要根据具体情况选择合适的喷雾器。

在使用喷雾器进行消毒或免疫时要注意以下几点。

（1）喷雾器消毒 固体消毒剂有残渣或溶化不全时，容易堵塞喷嘴，因此不能直接在喷雾器的容器内配制消毒剂，而是在其他容器内配制好了以后经喷雾器的过滤网装入喷雾器的容器内。压杆式喷雾器容器内药液不能装得太满，否则不易打气。配制消毒剂的水温不宜太高，否则易使喷雾器的塑料桶身变形，而且喷雾时不顺畅。使用完毕，将剩余药液倒出，用清水冲洗干净，倒置，打开一些零部件，等晾干后再装起来。

（2）喷雾器免疫 是利用气泵将空气压缩，然后通过气雾发生器使稀释疫苗形成一定大小的雾化粒子，均匀地悬浮于空气中，随呼吸进入家禽体内。要求喷出的雾滴大小符合要求，而且均匀，80%以上的雾滴大小应在要求范围内。喷雾过程中要注意喷雾质量，发现问题或喷雾器出现故障，应立即停止操作，并按使用说明书操作。操作完毕要用清水洗喷雾器，让喷雾器充分干燥后，包装保存好。注意防止腐蚀，不要用去污剂或消毒剂清洗容器内部。

免疫时较合适的温度是15~25℃，温度再低些也可进行，但一般不要在环境温度低于4℃的情况下进行。如果环境温度高于25℃时，雾滴会迅速蒸发而不能进入家禽的呼吸道，必须进行免疫时，可以先在禽舍内喷水提高舍内空气的相对湿度后再进行。

喷雾时房舍应密闭，关闭门、窗和通风口，减少空气流动。在喷雾完后15~20分钟再开启门窗。如选用直径为59微米以下的喷雾器时，喷雾枪口应在家禽头上方约30厘米处喷射，使禽体周围形成良好的雾化区，并且雾滴粒子不立即沉降而可在空间悬浮适当时间。

2. 消毒液机和次氯酸钠发生器

消毒液机可以现用现制，快速生产复合消毒液，适用于畜禽养殖场、屠宰场、运输车船、人员防护消毒，以及发生疫情的病原污染区的大面积消毒。消毒液机使用的原料只是食盐、水、电，操作简单，具有短时间内就可以生产出大量消毒液的能力。另外，用消毒液机电解生产的含氯消毒剂是一种无毒低刺激的高效消毒剂，不仅适用于环境消毒、带畜禽消毒，还可用于食品消毒、饮用水消毒，以及洗手消毒等防疫人员进行的自身消毒防护，对环境造成的污染很小。消毒液机的这些特点对需要进行完全彻底的防疫消毒，对人畜共患病疫区的综合性消毒防控，对减少运输、仓储、供应等环节的意外防疫漏洞具有特殊的使用优势。

（1）电解液的配制　称取食盐500克，一般以食用精盐为好，加碘或不加碘盐均可，放入电解桶中，向电解桶中加入8千克清水（在电解桶中有8千克水刻度线），用搅拌棒搅拌，使盐充分溶解。

（2）制药　确认上述步骤已经完成好，把电极放入电解桶中，打开电源开关，按动选择按钮，选择工作岗位，此时电极板周围产生大量气泡，开始自动计时，工作结束后机器自动关机并声音报警。

（3）灌装消毒药　用事先准备好的容器把消毒液倒出，贴上标签，加盖后存放。

三、常用的化学消毒剂

利用化学消毒剂杀灭传播媒介上的病原微生物以达到预防感染、控制传染病的传播和流行的方法称为化学消毒法。化学消毒法具有适用范围广，消毒效果好，无须特殊仪器和设备，操作简便易行等特点，是目前兽医消毒工作中最常用的方法。化学消毒法要使用化学消毒剂。

（一）化学消毒剂的分类

化学消毒剂的种类很多，分类方法也有多种。按照其杀菌能力可分为高效消毒剂、中效消毒剂、低效消毒剂等三类。按其化学成分不同可分为以下几类。

1. 卤素类消毒剂

这类消毒剂有含氯消毒剂类、含碘消毒剂类及卤化海因类消毒剂等。

含氯消毒剂可分为有机氯消毒剂和无机氯消毒剂两类。目前常用的有二氯异氰尿酸钠及其复方消毒剂、氯化磷酸三钠、液氯、次氯酸钠、三氯异氰尿酸、氯尿酸钾、二氯异氰尿酸等。

含碘消毒剂可分为无机碘消毒剂和有机碘消毒剂，如碘伏、碘酊、碘甘油、PVP碘、洗必泰碘等。碘伏对各种细菌繁殖体、真菌、病毒均有杀灭作用，受有机物影响大。

卤化海因类消毒剂为高效消毒剂，对细菌繁殖体及芽孢、病毒、真菌均有杀灭作用。目前国内外使用的这类消毒剂有三种：二氯海因（二氯二甲基乙内酰脲，DCDMH）、二溴海因（二溴二甲基乙内酰脲，DBDMH）、溴氯海因（溴氯二甲基乙内酰脲，BCDMH）。

2. 氧化剂类消毒剂

常用的有过氧乙酸、过氧化氢、臭氧、二氧化氯、酸性氧化电位水等。

3. 烷基化气体类消毒剂

这类化合物中主要有环氧乙烷、环氧丙烷和乙型丙内酯等，其中以环氧乙烷应用最为广泛，杀菌作用强大，灭菌效果可靠。

4. 醛类消毒剂

常用的有甲醛、戊二醛等。戊二醛是第三代化学消毒剂的代表，被称为冷灭菌剂，灭菌效果可靠，对物品腐蚀性小。

5. 酚类消毒剂

这是一类古老的中效消毒剂，常用的有石炭酸、来苏儿、复合酚类（农福）等。由于酚消毒剂对环境有污染，目前有些国家限制使用酚消毒剂。这类消毒剂在我国的应用也趋向逐步减少，有被其他消毒剂取代的趋势。

6. 醇类消毒剂

主要用于皮肤术部消毒，如乙醇、异丙醇等消毒剂。这类消毒剂可以杀灭细菌繁殖体，但不能杀灭芽孢，属中效消毒剂。近来的研究发现，醇类消毒剂与戊二醛、碘伏等配伍，可以增强消毒效果。

7. 季铵盐类消毒剂

单链季铵盐类消毒剂是低效消毒剂，一般用于皮肤黏膜的消毒和环境表面消毒，如新洁尔灭、度米芬等。双链季铵盐阳离子表面活性剂，不仅可以杀灭多种细菌繁殖体，而且对芽孢有一定杀灭作用，属于高效消毒剂。

8. 双胍类消毒剂

是一类低效消毒剂，不能杀灭细菌芽孢，但对细菌繁殖体的杀灭作用强大，一般用于皮肤黏膜的防腐，也可用于环境表面的消毒，如氯已定（洗必泰）等。

9. 酸碱类消毒剂

常用的酸类消毒剂有乳酸、醋酸、硼酸、水杨酸等；常用的碱类消毒剂有氢氧化钠（苛性钠）、氢氧化钾（苛性钾）、碳酸钠（石碱）、氧化钙（生石灰）等。

10. 重金属盐类消毒剂

主要用于皮肤黏膜的消毒防腐，有抑菌作用，但杀菌作用不强。常用的有红汞、硫柳汞、硝酸银等。

（二）选择适宜的消毒剂

化学消毒是生产中最常用的方法。但市场上的消毒剂种类繁多，其性质与作用不尽相同，消毒效力千差万别。所以，消毒剂的选择至关重要，关系到消毒效果和消毒成本，必须选择适宜的消毒剂。

1. 优质消毒剂的标准

优质的消毒剂应具备如下条件。

①杀菌谱广，有效浓度低，作用速度快。

②化学性质稳定，且易溶于水，能在低温下使用。

③不易受有机物、酸、碱及其他理化因素的影响。

④ 毒性低，刺激性小，对人畜危害小，不残留在畜禽产品中，腐蚀性小，使用无危险。

⑤ 无色、无味、无臭，消毒后易于去除残留药物。

⑥ 价格低廉，使用方便。

2. 适宜消毒剂的选择

（1）考虑消毒病原微生物的种类和特点　不同种类的病原微生物，如细菌、细菌芽孢、病毒及真菌等，它们对消毒剂的敏感性有较大差异，即其对消毒剂的抵抗力有强有弱。消毒剂对病原微生物也有一定选择性，其杀菌、杀病毒力也有强有弱。针对病原微生物的种类与特点，选择合适的消毒剂，这是消毒工作成败的关键。例如，要杀灭细菌芽孢，就必须选用高效的消毒剂，才能取得可靠的消毒效果；季铵盐类是阳离子表面活性剂，因其杀菌作用的阳离子具有亲脂性，而革兰氏阳性菌的细胞壁含类脂多于革兰氏阴性菌，故革兰氏阳性菌更易被季铵盐类消毒剂灭活；如为抑制病毒繁殖，应选择对病毒消毒效果好的碱类消毒剂、季铵盐类消毒剂及过氧乙酸等。同一种类病原微生物所处的不同状态，对消毒剂的敏感性也不同，同一种类细菌的繁殖体比其芽孢对消毒剂的抵抗力弱得多，生长期的细菌比静止期的细菌对消毒剂的抵抗力也低。

（2）考虑消毒对象　不同的消毒对象对消毒剂有不同的要求。选择消毒剂时既要考虑对病原微生物的杀灭作用，又要考虑消毒剂对消毒对象的影响。不同的消毒对象选用不同的消毒药物。

（3）考虑消毒的时机　平时消毒最好选用对大范围的细菌、病毒、霉菌等均有杀灭效果，而且是低毒、无刺激性和腐蚀性，对畜禽无危害，产品中无残留的常用消毒剂。在发生特殊传染病时，可选用任何一种高效的非常用消毒剂，因为是在短期间内应急防疫的情况下使用，所以无须考虑其对消毒物品有何影响，而是把防疫灭病的需要放在第一位。

（4）考虑消毒剂的生产厂家　目前生产消毒剂的厂家和产品种类较多，产品的质量参差不齐，效果不一。所以选择消毒剂时应注意消毒剂的生产厂家，选择生产规范、信誉度高的厂家的产品，同时要防止购买假冒伪劣产品。

（三）化学消毒剂的使用

化学消毒剂的使用方法很多，常用的方法有以下几种。

（1）浸泡法　选用杀菌谱广、腐蚀性弱、水溶性消毒剂，将物品浸没于消毒剂内，在标准的浓度和时间内，达到消毒灭菌的目的。浸泡消毒时，消毒液连续使用过程中，消毒有效成分不断消耗，因此需要注意有效成分浓度变化，应及时添加或更换消毒液。当使用低效消毒剂浸泡时，需注意消毒液被污染的问题，从而避免疫源性的感染。

（2）擦拭法　选用易溶于水、穿透性强的消毒剂，擦拭物品表面或动物体表皮肤、黏膜、伤口等处。在标准的浓度和时间里达到消毒灭菌目的。

（3）喷洒法　将消毒液均匀喷洒在被消毒物体上。如用5%来苏儿溶液喷洒消毒畜禽舍地面等。

（4）喷雾法　将消毒液通过喷雾形式对物体表面、畜禽舍或动物体表进行消毒。

（5）发泡（泡沫）法　此法是自体表喷雾消毒后，开发的又一新的消毒方法。所谓发泡消毒是把高浓度的消毒液用专用的发泡机制成泡沫散布在畜禽舍内面及设施表面。主要用于水资源贫乏的地区，或为了避免消毒后的污水进入污水处理系统，破坏活性污泥的活性，一般用水量仅为常规消毒法的1/10。采用发泡消毒法，对一些形状复杂的器具、设备进行消毒时，由于泡沫能较好地附着在消毒对象的表面，故能得到较为一致的消毒效果，且由于泡沫能较长时间附着在消毒对象表面，延长了消毒剂作用时间。

（6）洗刷法　用毛刷等蘸取消毒剂溶液在消毒对象表面洗刷。如外科手术前，术者的手可以使用洗手刷在0.1%新洁尔灭溶液中洗刷消毒。

（7）冲洗法　将配制好的消毒液冲入直肠、瘘管、阴道等部位或冲洗物体表面进行消毒。这种方法消耗大量的消毒液，一般较少使用。

（8）熏蒸法　通过加热或加入氧化剂，使消毒剂呈气体或烟雾状态，在标准的浓度和时间里达到消毒灭菌目的。适用于畜禽舍内物品及空气消毒、精密贵重仪器和不能蒸、煮、浸泡消毒的物品的消毒。

环氧乙烷、甲醛、过氧乙酸以及含氯消毒剂均可通过此种方式进行消毒。熏蒸消毒时，环境湿度是影响消毒效果的重要因素。

（9）撒布法　将粉剂型消毒剂均匀地撒布在消毒对象表面。如含氯消毒剂可直接用药物粉剂进行消毒处理，通常用于地面消毒。消毒时，需要较高的湿度使药物潮解才能发挥作用。

化学消毒剂的使用方法应依据化学消毒剂的特点、消毒对象的性质及消毒现场的特点等因素合理选择。多数消毒剂既可以浸泡、擦拭消毒，也可以喷雾处理，根据需要选用合适的消毒方法。如只在液体状态下才能发挥出较好消毒效果的消毒剂，一般采用液体喷洒、喷雾、浸泡、擦拭、洗刷、冲洗等方式。对空气或空间进行消毒时，可使用部分消毒剂进行熏蒸。同样消毒方法对不同性质的消毒对象，效果往往也不同。如光滑的表面，喷洒药液不易停留，应以冲洗、擦拭、洗刷、冲洗为宜。较粗糙表面，易使药液停留，可用喷洒、喷雾消毒。消毒还应考虑现场条件，在密闭性好的室内消毒时，可用熏蒸消毒；密闭性差的则应用消毒液喷洒、喷雾、擦拭、洗刷的方法。

四、鸭场常规消毒关键技术

（一）空鸭舍的消毒

一般来说，空舍消毒的重要性通常得不到足够的重视，但是，将鸭舍空置一段时间，对于保证良好的卫生条件至关重要。在上一群鸭转走或出栏后，鸭舍具有较高的微生物污染水平，仅清除垫料和粪便还远远不足以能保证良好生产成绩所要求的洁净程度。在空舍消毒时，任何物品都不能被忽视，包括周围的环境以及有关附属物。

1. 清除垫料之前鸭舍的准备

① 空舍消毒工作应在鸭刚刚离开之时就开始，趁鸭群离开不久、舍温未降之时就应该进行环境整治。

② 将资料归档，搬出上一批鸭用过的物品和设备。

③ 拆除和移动一些建筑设施。拆除尽可能多的设施从而使垫料的清除更为方便，然后再冲洗鸭舍。具体步骤详见表4-2。

表 4-2　清除鸭舍垫料之前设施的拆除与冲洗

设施	采取措施	存放位置
通风设备	吹净或刷净灰尘	干燥贮藏室
加热系统，辐射型加热器	拆卸并去灰	干燥贮藏室
喂料系统	在垫料上清空喂料系统，清理喂料螺旋、料仓和输送线	室内或室外
隔板或漏缝地板	拆卸并刮净	室内或室外
建筑物骨架	去灰或用水龙头洗净	室内或室外

④ 周围区域的清理。在清除垫料或冲洗各种设施时，为防止周围环境和人行通道受到污染，应采取下列措施（表 4-3）。

表 4-3　鸭舍周围环境和入口通道的消毒措施

位置	采取措施	使用产品
鸭舍出入口前的平台	建议采用水泥平台，清理所有杂物并消毒	生石灰
墙边	需要时，割除杂草保证至墙边和风机的通道顺畅，并提高消毒效力	除草剂
通道	对垫料运输车经过的通道进行消毒	生石灰
鼠害控制	鸭舍清空后应注意防鼠	毒鼠饵

2. 饮水系统的清洗和消毒

水质是保证养殖成功的关键。供水系统应定期冲洗（通常每周 1~2 次），可防止水管中沉积物的积聚。在集约化养殖场实行全进全出制时，于新鸭群入舍之前的空舍期，在进行鸭舍清洁的同时，也应充分擦洗饮水系统，尽量去除菌膜等生物膜，从而在一个健康卫生的环境中迎接新一批鸭的到来。通常可先采用高压水冲洗供水管道内腔，而后加入清洁剂，约 1 小时后排出药液，再以清水冲洗。清洁剂通常分为酸性清洁剂（如柠檬酸、醋等）和碱性清洁剂（如氨水）两类。使用清洁剂可除去供水管道中沉积的水垢、锈迹、水藻等，并与水中的钙或镁相结合。此外，在采用经水投药防治疾病时，于经水投药之前 2 天和用药之后 2 天，也应使用清洁剂来清洗供水系统。洪水期或不安全的情况下，井水用漂白粉消毒。使用饮水槽的养殖场最好每隔 4 小时换 1 次饮水，保持饮水清洁，饮水槽和饮水器要定期清理消毒。

空舍消毒期间饮水系统的清洗和消毒方法见表 4-4。

表 4-4　鸭舍饮水系统的清洗和消毒程序

采取措施的时间	采取措施	使用产品
鸭群刚离开时	在垫料•上放干供水系统，拆卸饮水设备，清洗并放干管路	碱液（1 小时）
清除垫料前	除垢并放干管路	酸液（最低 6 小时）
	清水冲洗 2 次	清水
	空舍期用消毒剂消毒	碘消毒剂
冲洗房舍时	清洗小饮水设备和水管外壁	规范的真菌、细菌和病毒消毒剂
液体消毒时	对小型设备单独消毒并存放于舍内	
气体消毒前	将小型设备放回去	
新鸭群入舍前	把水放空，冲洗几次，然后充满清水。完全放空普拉松饮水器管道，并让乳头滴水，清去内部残渣，通过把管线末端的水流到白盘里检查清洗的效果。建议参考饮用水标准检测水质的化学和微生物学指标	

3. 清除垫料

鸭离开鸭舍之后，应该立即清除垫料。此时，应遵循表 4-5 的规定。

表 4-5　鸭舍垫料清除时的注意事项

检查项目	指导方针
清除垫料的设备	采用合适的设备尽快清除垫料，并且尽量减少对周围环境的污染
人行通道和机械通道	在房舍周围及拖车经过的通道撒上生石灰
粪池	不能忽略清理粪池
最后测试	彻底清扫，肉眼检查确保只有极少的粪便、垫料残余

4. 浸泡和冲洗

① 用于冲洗的水质细菌指标应达到饮用级。

② 冲洗后的水应该流集到废水池中以防污染周围土壤。

③ 在污水汇集、选用冲洗及消毒的化工产品时，要符合相关的规定。消毒剂量要正确，超剂量应用并不一定能达到更好的效果。

鸭舍设施的浸泡和冲洗程序见表 4-6。

表 4-6　鸭舍设施的浸泡和冲洗程序

按时间顺序	指导方针	使用产品
浸泡	从上至下，屋脊、顶棚、墙壁、基柱，然后地面或漏缝地板（漏缝地板需要浸泡几小时）	
泡沫剂	此类产品利于清洗，减少菌膜	去油污泡沫剂
小设备的清洗	单独冲洗所有设备包括饮水器、料槽等，然后置于干净并消毒过的房间	清水
房舍清洗	使用高压水枪冲洗	清水
墙边和通风系统	应考虑将活板门及可拆卸的系统分拆，利于冲洗	清水
料仓	将料仓或贮料室内部冲洗或去灰	清水
肉眼检查	肉眼检查冲洗质量非常重要	

5. 液体消毒和空舍静置

建筑物的维修和新的作业都要在冲洗后、消毒前完成。电力、饮水和喂料系统等内部安装应在消毒前确定完成，所有设备都要安装完毕。空舍静置应从第一次液体消毒结束之后开始。在鸭舍空置期间，应尽量减少舍内作业。一直等到下一批鸭到来之前1~2天进行气体消毒。如果舍内使用垫料，垫草应在气体消毒之前就放进鸭舍从而能对其表面进行消毒。液体消毒程序见表4-7。

表4-7　鸭舍液体消毒程序

按时间顺序	采取措施	使用产品
将设备放回舍内	安装设备便于消毒和以后使用	
恢复防疫屏障	重新安好入口区域设施，穿上特制的外套（靴、防疫服等）	确保有肥皂（如有淋浴，应备有洗发液）
小设备的消毒	单独浸泡	规范的真菌、细菌和病毒液体消毒剂
周围环境的消毒	撒生石灰或火碱，避免交通工具或人员流动带来的交叉污染	生石灰用量500千克/1 000米^2，火碱用量75千克/1 000米^2
建筑物骨架的消毒	喷雾或用泡沫喷枪进行液体消毒，不能忽视难以到达的通风设备和气闸及其他附体等死角	规范的真菌、细菌和病毒液

6. 气体消毒和最后测试

最后的气体消毒程序见表4-8。

表4-8　鸭舍的气体消毒程序

按时间顺序	采取措施	使用产品
料仓或储料区	熏蒸消毒	甲醛、高锰酸钾
气体消毒	液体消毒剂达不到的地方采用气体消毒，保证房舍密闭，消毒剂不外泄	规范的真菌、细菌和病毒气体消毒剂，通常用甲醛、高锰酸钾
病虫害控制	气体消毒时可同时加上气体杀虫剂（要检查能否配伍），否则用液体杀虫剂对墙角和粪池底部消毒	能配伍的气体杀虫剂和消毒剂
细菌检测	最终进行细菌学检测以确保消毒效果	

综上所述，鸭场的空舍消毒远远不是仅仅空置鸭场。尽管舍内没有鸭，但它是鸭场良好效益的一个重要组成部分。从经济角度看，良好的清洗和消毒比事后动物饲养过程中发生疾病再治疗所需的成本低。必须保证所有器械的卫生质量和动物健康，否则最终就会降低鸭场的经济效益，产品的形象也将受到影响。

（二）带鸭消毒

定期用消毒药液对鸭舍的空间、鸭体进行喷雾带鸭消毒，是养鸭成功的关键。

带鸭消毒技术几乎所有养鸭人都懂，喷雾消毒，谁不会啊？但做得好与不好、消毒彻底不彻底，差距会很大。这直接关系到鸭舍中污染病原体的数量、空气的质量等，当然直接关系到鸭群受到疾病威胁的程度，也就决定了养鸭能否成功。创造良好的鸭舍环境，对保障鸭群健康至关重要。

带鸭消毒虽不能使鸭舍环境达到百分之百的洁净，由于是项经常性的工作，环境中的细菌含量会越来越少，比起不消毒的鸭舍，鸭群的发病机会就会很低。

带鸭消毒能有效抑制舍内氨气的发生和降低氨气浓度，可很大程度地减少灰尘的弥漫，净化空气；可杀灭多种病原微生物，尤其是能防止因空气传播的病，如禽流感，以及环境性细菌疾病，如葡萄球菌病、大肠杆菌病、禽霍乱、绿脓杆菌病等；夏季还有防暑降温、春季可增加舍内湿度等作用，好处很多。

1. 次数

消毒时间一般在 10 日龄以后即可实施带鸭消毒，以后根据具体情况而定。一般育雏期每日消毒一次，育成期每周消毒 2 次，成年鸭每周 2~3 次，发生疫情时每天消毒 1 次。

2. 药物选择

带鸭消毒对药品的要求比较严格，并非所有的消毒药都能用。选择消毒药的原则，一是必须广谱、高效、强力；二是对金属和塑料制品的腐蚀性小；三是对人和鸭的吸入毒性、刺激性、皮肤吸收性小，无异臭，不会渗入或残留在肉和蛋中。

养鸭生产中常用的消毒剂有：消毒灵、新洁尔灭、百毒杀、爱迪伏、菌毒敌、复合酚、农福、碘制剂等。消毒药物也有抗生素一样存在耐药性问题。一种消毒药在一个鸭场使用时间长了就会效果不好，甚至和没有消毒一样，疾病多发。可能就是细菌对这种消毒药已经产生了耐药性。为了防止细菌对消毒药的耐药性，一般的做法是，交换轮替用药，就是每一种药用一周，随后换另一种药，一周后再换药或还使用原来的药。一个月内2~3种消毒药轮换交替使用，效果比较好。但也不必每天换药。

3. 配液配制

消毒药液应使用井水。各种消毒药品都有适宜的有效浓度，要按照使用要求合理配制药液。加入消毒药后，应充分搅拌，使其充分溶解。

水温的提高能加速药物溶解并增强消毒效果，但水也不能太热，温水即可，45℃以下。夏季直接用冷水配制，冬季为了不降低舍温，一般都用温水。消毒药要现用现配，不宜久存，应1次用完，以免药效因分解而降低。

4. 喷雾的方法

正确喷药的对象包括舍内一切物品、设备、鸭群和空间。

消毒器械一般选用雾化效果良好的高压动力喷雾器，如没有条件也可用背负式农用喷雾器。而喷花用的手持式小喷雾器是不能做带鸭消毒的，太小对空间消毒作用微不足道。高压动力喷雾器安全性强，操作简单。

消毒时喷头应尽量高举，朝鸭舍上方喷雾，喷头在面前横向移动一个来回即可，并随人慢慢行进，不必频繁晃动喷头。要保证鸭舍的各个角落都要喷到，切忌直对鸭头喷雾。

如果使用的喷雾器喷头雾滴粒子可以调节，雾粒大小应控制在80~120微米。雾粒太小易被鸭大量吸入呼吸道，引起肺水肿，甚至诱发呼吸道疾病；雾粒太大易造成喷雾不均匀，雾滴粒子快速落下。

喷雾的水量，每立方米空间用15~20毫升消毒液。地区不同、气候不同，空气的干燥程度不同，所用水量没有统一标准。南方地区湿度大，用水量要少，北方气候干燥，用水量要适当多些；夏季用水量少些，冬季用水多些。以地面、墙壁、天花板均匀湿润、家禽体表微

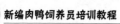

湿的程度为最好。

如果用的是农用喷雾器，压力一定要足，这样出来的雾滴粒子才能比较小。

当然，环境的基本清洁是个前提，平时要经常打扫鸭舍，清除鸭粪、羽毛、垫料、屋顶蜘蛛网及墙壁、地面、物品上的尘土。对一些可有可无的物品，应清出鸭舍。

有机物的存在是会影响消毒效果的，如粪便、禽毛等，故消毒前必须清扫干净，才能保证消毒的效果。

带鸭消毒要注意以下问题。

① 活疫苗免疫接种前后共 3 天内停止带鸭消毒，以防影响免疫效果。

② 为减少应激，喷雾消毒时间最好固定，让鸭群有个习惯适应，且应该在暗光下或在傍晚时进行。

③ 喷雾时应选择无风或风小的时间，或者关闭门窗，消毒后应加强通风换气，便于鸭体表及鸭舍干燥。

④ 根据不同消毒药的消毒作用、特性、成分、原理，最好有几种消毒药交替使用。一般情况下，一种药剂连续使用 2~3 次后，就要更换另外一种药剂，以防病原微生物对消毒药产生耐药性，影响消毒效果。

⑤ 带鸭消毒会降低鸭舍温度，冬季应先适当提高舍温或直接用40℃左右的温水喷药消毒。

（三）鸭运动场地面、土坡的消毒

病鸭停留过的圈舍、运动场地面、土坡，应该立即清除粪便、垃圾和铲除表土，倒入沼气池进行发酵处理。没有沼气池的，粪便、垃圾、铲除的表土按 1∶1 的比例与漂白粉混合后深埋。处理后的地面还需喷洒消毒。

生态放牧饲养的鸭群，牧场被污染严重的，可以空舍一段时间，利用阳光或种植某些对病原体有杀灭力的植物（如大蒜、大葱、小麦、黑麦等），连种数年，土壤可发生自洁作用。

（四）鸭场水塘消毒

由于病鸭的粪便直接排在水塘里，鸭场水塘污染一般比较严重，有大量的病菌和寄生虫，往往造成鸭群疫病流行，所以，要经常对水塘进行消毒。常年饲养的老水塘，还需要定期清塘。

1. 平时消毒

按每亩（1 亩 ≈ 667 米²）水深 1 米的水面，用含氯量 30% 的漂白粉 1 千克全塘均匀泼洒，夏季每周 1 次，冬季每月 1 次；或者每亩水深 1 米的水面用生石灰 20 千克，加水调和全池均匀泼洒，夏季每周 1 次，冬季每月 1 次，可预防一般性细菌病。夏季每月用硫酸铜与硫酸亚铁合剂（5∶2）全池泼洒，可杀灭寄生虫和因水体过肥产生的蓝绿藻类。

2. 清塘

清塘时使用高浓度药物，可彻底地杀灭潜伏在池塘中的寄生虫和微生物等病原体，还可以杀灭传播疾病的某些中间宿主，如螺、蚌以及青泥苔、水生昆虫、蝌蚪等。由于清塘时使用了高浓度消毒药，鸭群不可进入，必须等待一定时间，换水并检测，确定对鸭体无伤害后方可进鸭。清塘方法：先抽干池塘污水，再清除池塘淤泥，最后按每亩（水深 1 米）用生石灰 125~150 千克，或者漂白粉 13.5 千克，全塘泼洒。

（五）人员、衣物等消毒

本场人员若不经意去过有传染病发生的地方，则须对人员进行消毒隔离。在日常工作中，饲养员进入生产区时，应淋浴更衣，换工作服，消毒液洗手，踩消毒池，经紫外线消毒后进入鸭舍，消毒过程须严格执行。工作服、靴、帽等，用前先洗干净，然后放在消毒室，用 28~42 毫升／米³ 福尔马林熏蒸 30 分钟备用。人员进出场舍都要用 0.1% 新洁尔灭或 0.1% 过氧乙酸消毒液洗手、浸泡 3~5 分钟。

（六）孵化室的消毒

孵化室通道的两端通常要设消毒池、洗手间、更衣室，工人及工作人员进出必须更衣、换鞋、洗手消毒、戴口罩和工作帽，雏鸭调出后、上蛋前都必须进行全面彻底的消毒，包括孵化器及其内部设备、蛋盘、搁架、雏鸭箱、蛋箱、门窗、墙壁、顶棚、室内外地坪、过道等都必须进行清洗喷雾消毒。第一次消毒后，在进蛋前还必须再进行一次密闭熏蒸消毒，确保下批出壳雏鸭不受感染。此外，孵化室的废弃物不能随便乱丢，必须妥善处理，因为卵壳等带病原的可能性很大，稍有不慎就可能造成污染。

（七）育雏室的消毒

育雏室的消毒和孵化室一样，每批雏鸭调出前后都必须对所有饲养工具、饲槽、饮水器等进行清洗、消毒，对室内外地坪必须清洗干净，晾干后用消毒药水喷洒消毒，入雏前还必须再进行一次熏蒸消毒，确保雏鸭不受感染。育雏室的进出口也必须设立消毒池、洗手间、更衣室，工作人员进出必须严格消毒，并戴上工作帽和口罩，严防带入病菌。

（八）饲料仓库与加工厂的消毒

家禽饲料中动物蛋白是传播沙门氏菌的主要来源，如外来饲料带有沙门氏菌、肉毒梭菌、黄曲霉菌及其有毒的霉菌，必然造成饲料仓库和加工厂的污染，轻则引起慢性中毒，重则出现暴发性中毒死亡。因此饲料仓库及加工厂必须定期消毒，杀灭各种有害病原微生物，同时也应定期灭虫、杀鼠，消灭仓库害虫及鼠害，减少病原传播。库房的消毒可采用熏蒸灭菌法，此法简单方便，效果好，可节省人力、物力。

（九）饮水消毒

饮水的消毒方法有煮沸消毒、紫外线消毒、超声波消毒、磁场消毒、电子消毒等物理方法和化学消毒法。化学消毒法是养殖场饮用水消毒的常用方法。

理想的饮用水消毒剂应无毒、无刺激性，可迅速溶于水中并释放出杀菌成分，对水中的病原微生物杀灭力强，杀菌谱广，不会与水中的有机物或无机物发生化学反应和产生有害有毒物质，不残留，价廉易得，便于保存和运输，使用方便等。目前常用的饮用水消毒剂主要有氯制剂、碘制剂和二氧化氯。

为了做好饮用水的消毒，首先必须选择合适的水源。在有条件的地方尽可能地使用地下水。在采用地表水时，取水口应在鸭场自身以及工业区或居民区的污水排放口上游，并与之保持较远的距离；取水口应建立在靠近湖泊或河流中心的地方，如果只能在近岸处取水，则应修建能对水进行过滤的过滤井；在修建供水系统时应考虑到对饮用水的消毒方式，最好建筑水塔或蓄水池。

1. 一次投入法

在蓄水池或水塔内放满水，根据其容积和消毒剂稀释要求，计算出需要的化学消毒剂量，在饮用前，投入到蓄水池或水塔内拌匀，然后让畜禽饮用。一次投入法需要在每次饮完蓄水池或水塔中的水后再加水，加水后再添加消毒剂。这样频繁地在蓄水池或水塔中加水加药，十分麻烦，因此，这种方法只适用于需水量不大的小规模养殖场和有较大的蓄水池或水塔的养殖场。

2.持续消毒法

由于规模化养殖场需要持续供水，所以一次性在水中加入消毒剂，仅可维持较短的时间，频繁加药十分麻烦，为此可在贮水池中应用持续氯消毒法，可一次投药后保持 7~15 天对水的有效消毒。方法是将消毒剂用塑料袋或塑料桶等容器装好，装入的量为用于消毒 1 天饮用水的消毒剂的 20 或 30 倍量，将其拌成糊状，视用水量的大小在塑料袋（桶）上打 0.2~0.4 毫米的小孔若干个，将塑料袋（桶）悬挂在供水系统的入水口内，在水流的作用下消毒剂缓慢地从袋中释出。由于此种方法控制水中消毒剂浓度完全靠塑料袋上孔的直径大小和数目多少，因此一般应在第 1 次使用时进行试验，以确保在 7~15 天内袋中的消毒剂完全被释放，有可能时需测定水中的余氯量，必要时也可测定消毒后水中细菌总数来确定消毒效果。

饮水消毒要注意以下问题。

（1）选用安全有效的消毒剂　饮水消毒的目的虽然不是为了给畜禽饮消毒液，但归根结底消毒液会被畜禽摄入体内，而且是持续饮用。因此，对所使用的消毒剂，要认真地进行选择，以避免给鸭群带来危害。

（2）正确掌握浓度　进行饮水消毒时，要正确掌握用药浓度，并不是浓度越高越好。既要注意浓度，又要考虑副作用的危害。

（3）检查饮水量　饮水中的药量过多，会给饮水带来异味，引起畜禽的饮水量减少。应经常检查饮水的流量和畜禽的饮用量，如果饮水不足，特别是夏季，将会引起生产性能下降。

（4）避免破坏免疫作用　在饮水中投放疫苗或气雾免疫前后各 1天，计 3 天内，必须停止饮水消毒。同时，要把饮用水用具洗净，避免消毒剂破坏疫苗的免疫作用。

（十）环境消毒

禽场的环境消毒，包括禽舍周围的空地、场内的道路及进入大门的通道等。正常情况下除进入场内的通道要设立经常性的消毒池外，一般每半年或每季度定期用氨水或漂白粉溶液，或来苏儿进行喷洒，全面消毒，在出现疫情时应每 3~7 天消毒一次，防止疫源扩散。消毒常用的消毒药有氢氧化钠（又称火碱、苛性钠等）、过氧乙酸、草木灰、石灰乳、漂白粉、石炭酸、高锰酸钾和碘酊等。不同的消毒药因性状和作用不同，消毒对象和使用方法不一致，药物残留时间也不尽相同，使用时要保证消毒药安全、易使用、高效、低毒、低残留和对人畜禽无害。

进雏鸭前，鸭舍周围 5 米以内和鸭舍外墙用 0.2%~0.3% 的过氧乙酸或 2% 的氢氧化钠溶液喷洒消毒，场区道路建筑物等也每天用 0.2% 次氯酸钠溶液喷洒 1 次进行消毒。鸭舍间的空地每季度翻耕，用火焰枪喷表层土壤，烧去有机物。

（十一）设备用具的消毒

料槽等塑料制品先用水冲刷，晒干后用 0.1% 新洁尔灭刷洗消毒，再与鸭舍一起进行熏蒸消毒；蛋箱蛋托用氢氧化钠溶液浸泡洗净再晾干；商品肉鸭场运出场外的运输笼则在场外设消毒点消毒。

（十二）车辆消毒

外部车辆不得进入生产区，生产区内车辆定期消毒，不出生产区，进出鸭场车辆须经场区大门消毒池消毒，消毒池与大门等宽，长至少为车轮周长的 2 倍，内放 3 厘米深的 2% 氢氧化钠溶液，每天换消毒液，若放 0.2% 的新洁尔灭则每 3 天换 1 次。

（十三）垫料消毒

鸭出栏后，从鸭舍清扫出来的垫草垫料，运往处理场地堆沤发酵或烧毁，一般不再重新用作垫草。新换的垫草，常常带有霉菌、螨及其他昆虫等，因此在搬入鸭舍前必须进行翻晒消毒。垫草的消毒可用甲醛、高锰酸钾熏蒸；最好用环氧乙烷熏蒸，穿透性比甲醛强，且具有消毒、杀虫两种功能。

（十四）种蛋的消毒

种蛋在产出及保存过程中，很容易被细菌污染，如不消毒，就会影响孵化效果、甚至可能将疾病传染给雏鸭。因此，对即将入孵的种蛋，必须消毒，以提高孵化率，防止发生传染病。现介绍甲醛熏蒸法、新洁尔灭消毒法、过氧乙酸熏蒸法及碘液浸泡法等几种常见的消毒方法。

1. 甲醛熏蒸法

此法能消灭种蛋壳表层 95% 的细菌、微生物。方法是：按每立方米用高锰酸钾 20 克、福尔马林 40 毫升。加少量温水，置于 20~25℃ 密闭的室内熏蒸 0.5 小时，保持室内相对湿度 75%~80%。盛消毒药的容器要用陶瓷器皿，先放高锰酸钾，后倒入福尔马林，注意切不可先放福尔马林后放高锰酸钾，然后迅速密闭门窗熏蒸。熏蒸 24 小时后打开门窗通风，即可孵化。

2. 新洁尔灭消毒法

用 0.1% 的新洁尔灭溶液喷洒种蛋表面，也可用于浸泡种蛋 3 分钟。但新洁尔灭切忌与高锰酸钾、汞、碘、碱、肥皂等合用。

3. 过氧乙酸熏蒸法

此法使用较为普遍，即每立方米空间用 16% 的过氧乙酸溶液 40~60 毫升，高锰酸钾 4~6 克，熏蒸 15 分钟。

4. 碘液浸泡法

指入孵前的一种消毒方式。即将种蛋放入 0.1% 的碘溶液（10 克碘片 +15 克碘化钾 +1 000 毫升水，溶解后倒入 9 000 毫升清水）中，浸泡 1 分钟。

5. 漂白粉浸泡法

将种蛋放入含有效氯 1.5% 的漂白粉溶液中浸泡 3 分钟即可。

（十五）人工授精器械消毒

采精和输精所需器械必须经高温高压灭菌消毒。稀释液需在高压锅内经 30 分钟高压灭菌，自然冷却后备用。

（十六）诊疗室及医疗器械的消毒

诊疗室的消毒主要包括两部分内容，即兽医诊疗室的消毒，兽医诊疗器械及用品的消毒。其消毒必须是经常性的和常规性的。

1. 兽医诊疗室的消毒

鸭场一般都要设置兽医诊疗室，负责整个鸭场的疫病防治、消毒管理和免疫接种等工作。兽医诊疗室是病原微生物集中或密度较高的地方。因此，首先要搞好诊疗室的消毒灭菌工作，才能保证全场消毒工作和防病工作的顺利进行。室内空气消毒和空气净化可以采用过滤、紫外线照射（诊室内安装紫外线灯，每立方米 2~3 瓦）、熏蒸等方法；

诊疗室内的地面、墙壁、棚顶可用 0.3%~0.5% 的过氧乙酸溶液或 5% 的氢氧化钠溶液喷洒消毒；诊疗室的废弃物和污水也要处理消毒，废弃物和污水数量少时，可与粪便一起堆积生物发酵消毒处理；如果量大时，使用化学消毒剂（如 15%~20% 的漂白粉搅拌，作用 3~5 小时消毒处理）消毒。

2. 兽医诊疗器械及用品的消毒

兽医诊疗器械及用品是直接与鸭接触的物品。用前和用后都必须按要求进行严格的消毒。根据器械及用品的种类和使用范围不同，其消毒方法和要求也不一样。一般对进入鸭体内或与黏膜接触的诊疗器械，如解剖器械、注射器及针头等，必须经过严格的消毒灭菌；对不进入动物组织内也不与黏膜接触的器具，一般要求去除细菌的繁殖体及亲脂类病毒。

五、饲养员消毒时的个人防护

无论采取哪种消毒方式，饲养员都要注意自身防护。消毒防护，首先要严格遵守操作规程和注意事项，其次要注意饲养员个人以及消毒区域内其他人员的防护。防护措施要根据消毒方法的原理和操作规程有针对性。例如进行喷雾消毒和熏蒸消毒就应穿上防护服，戴上眼镜和口罩；进行紫外线直接照射消毒，室内人员都应该离开，避免直接照射，进出养殖场人员通过消毒室进行紫外线照射消毒时，眼睛不能看紫外线灯，避免眼睛受到灼伤。

常用的个人防护用品可以参照国家标准进行选购，防护服应该配帽子、口罩和鞋套。

（一）防护服要求

防护服应做到防酸碱、防水、防寒、挡风、透气等。

1. 防酸碱

在消毒过程中，要求防护服能防酸碱、耐腐蚀。在工作完毕或离开疫区时，能用消毒液高压喷淋、洗涤消毒。

2. 防水

防水好的防护服材料，在 1 米² 的防水布料薄膜上就有 14 亿个微细孔，一颗水珠比这些微细孔大 2 万倍，因此，水珠不能穿过薄膜层而湿润布料，不会被弄湿，可保证操作中的防水效果。

3. 防寒、挡风

防护服材料极小的微细孔应呈不规则排列，可阻挡冷风及寒气的侵入。

4. 透气

材料微孔直径应大于汗液分子700~800倍，汗气可以穿透面料，即使在工作量大、体液蒸发较多时也感到干爽舒适。

（二）防护用品规格

1. 防护服

一次性使用的防护服应符合《医用一次性防护服技术要求》（GB 19082—2003）。外观应干燥、清洁、无尘、无霉斑，表面不允许有斑疤、裂孔等缺陷；针线缝合采用针缝加胶合或作折边缝合，针距要求每3厘米缝合8~10针，针次均匀、平直，不得有跳针。

2. 防护口罩

应符合《医用防护口罩技术要求》（GB 19083—2003）。

3. 防护眼镜

应视野宽阔，透亮度好，有较好的防溅性能，佩戴有弹力带。

4. 手套

医用一次性乳胶手套或橡胶手套。

5. 鞋及鞋套

为防水、防污染鞋套，如长筒胶鞋。

（三）防护用品的使用

1. 穿戴防护用品顺序

步骤1：戴口罩。平展口罩，双手平拉推向面部，捏紧鼻夹使口罩紧贴面部；左手按住口罩，右手将护绳绕在耳根部；右手按住口罩，左手将护绳绕向耳根部；双手上下拉口边沿，使其盖至眼下和下巴。

戴口罩的注意事项：佩戴前先洗手；摘戴口罩前，要保持双手洁净，尽量不要触碰口罩内侧，以免手上的细菌污染口罩；口罩每隔4小时更换1次；佩戴面纱口罩要及时清洗，并且高温消毒后晾晒，最好在阳光下晒干。

步骤2：戴帽子。戴帽子时注意双手不要接触面部，帽子的下沿应遮住耳的上沿，头发尽量不要露出。

步骤3：穿防护服。

步骤4：戴防护眼镜。注意双手不要接触面部。

步骤5：穿鞋套或胶鞋。

步骤6：戴手套。将手套套在防护服袖口外面。

2.脱掉防护用品顺序

步骤1：摘下防护镜，放入消毒液中。

步骤2：脱掉防护服，将反面朝外，放入黄色塑料袋中。

步骤3：摘掉手套，一次性手套应将反面朝外，放入黄色塑料袋中，橡胶手套放入消毒液中。

步骤4：将手指反掏进帽子，将帽子轻轻摘掉，反面朝外，放入黄色塑料袋中。

步骤5：脱下鞋套或胶鞋，将鞋套反面朝外，放入黄色塑料袋中，将胶鞋放入消毒液中。

步骤6：摘口罩，一手按住口罩，另一只手将口罩带摘下，放入黄色塑料袋中，注意双手不接触面部。

（四）防护用品使用后的处理

消毒结束后，执行消毒的饲养员需要进行自洁处理，必要时更换防护服，对其做消毒处理。有些废弃的污染物包括使用后的一次性隔离衣裤、口罩、帽子、手套、鞋套等不能随便丢弃，应有一定的消毒处理方法，这些方法应该安全、简单、经济。

基本要求：污染物应装入盒或袋内，以防止操作人员接触；防止污染物接近人、鼠或昆虫；不应污染表层土壤、表层水及地下水；不应造成空气污染。污染废弃物应当严格清理检查，清点数量，根据材料性质进行分类，分成可焚烧处理和不可焚烧处理两大类。干性可燃污染废物进行焚烧处理；不可燃废物浸泡消毒。

（五）培养良好的防护意识和防护习惯

作为饲养员员，在消毒时，不仅应该熟悉各种消毒方法、消毒程序、消毒器械和常用消毒剂的使用，还应该熟悉微生物和传染病检疫防疫知识，能够对疫源地的污染菌做出判断。

由于动物防疫检疫人员或饲养员长期暴露于病原体污染的环境下，

因此，从事饲养员工作应该具备良好的防护意识，养成良好的防护习惯，加强自身防护，防止和控制人畜共患病的发生。如，在干热灭菌时防止燃烧；压力蒸汽灭菌时防止爆炸事故及操作人员的烫伤事故；使用气体化学消毒时，防止有毒消毒气体的泄露，经常检测消毒环境中气体的浓度，对环氧乙烷气体还应防止燃烧、爆炸事故；接触化学消毒灭菌时，防止过敏和皮肤黏膜的伤害等。

第三节　肉鸭的免疫接种

作为规模化、集约化的养殖场，要想预防疾病的发生，提高鸭场养殖效益，疫苗免疫是重要的保障。

一、掌握免疫的基本理论

为了制定合理的免疫程序，应首先熟悉有关的免疫名词，如母源抗体、基础免疫、加强免疫、毒株等。其中母源抗体是指雏鸭在孵化期从母体获得的各种抗体，雏鸭初期接种疫苗会被相同鸭病母源抗体中和；基础免疫是指鸭体的首次或最初几次疫苗接种所出现的免疫效果在没有达到较高抗体水平以前的免疫，大部分疫苗的基础免疫需要接种多次才能达到满意的免疫效果；各种疫苗接种后所产生的预防作用都有一定的期限，在基础免疫后一定的时间，为使鸭体继续维持牢固的免疫力，需要根据不同疫苗的免疫特性进行适时的再次接种，即所谓加强免疫；毒（苗）株则是从不同地区采集的病料中在实验室条件下培养的病毒（细菌），一种疾病一般存在众多类型的毒（菌）株。

二、调查鸭场所在地的疾病发生和流行情况

疾病的发生具有地域性，通过对鸭场周边地区疫病的调查了解，选择相应的疫苗进行免疫本地曾发生过或正在发生的疾病，未曾在本地发生的疾病则不用免疫。用疫苗预防本地没有发生过的病，不仅意义不大，而且浪费人力、财力，严重者会人为地将病源引进本场，导致该疫病的暴发。但应将禽流感等不存在地域性或危害严重的烈性传

染病无条件地纳入免疫程序。

三、熟悉种鸭易患疫病的发病特点

熟悉种鸭主要疫病的发病日龄和流行季节，从而选择在合适日龄、疫病高发季节来临之前接种对应的疫苗，才能有效控制疫病。如鸭病毒性肝炎只发生于雏鸭阶段，尤其是 10 日龄左右最高发，故种鸭的鸭病毒性肝炎首免就要在雏鸭到场 1 日龄内进行。此外，疫病的发生有一定的季节性，如秋冬季易发病毒性疾病，夏季多发细菌性疾病。

四、选择合适的疫苗

疫苗一般有活苗、死苗、单价苗、多价苗、联苗等多种类型，不同的疫苗其免疫期与接种途径也不一样。种鸭场要根据实际需要选择合适的疫苗类型，如新场址、幼龄鸭应选用灭活苗，预防选择联苗，而紧急接种使用单苗。另外，同一种鸭病由不同毒株所引起的，其抗原结构也不相同，必须选择免疫原性相同的疫苗接种。

肉鸭常用的疫苗主要有以下几种。

1. 雏鸭肝炎弱毒疫苗

用于预防雏鸭肝炎，采用雏鸭肝炎鸡胚化或鸭胚化弱毒株，接种 12~14 日龄鸭胚尿囊腔或 9~10 日龄鸡胚尿囊腔，收获 48~96 小时内死亡胚的尿囊液，加入 5% 蔗糖脱脂乳，经冷冻真空干燥制成。呈乳白色海绵状疏松团块，加稀释液后迅速溶解。按瓶签注明剂量，加生理盐水或灭菌蒸馏水按 1∶100 稀释，1 日龄雏鸭皮下注射 0.1 毫升。也可用于种鸭免疫，在母鸭产蛋前 10 天，肌内注射 0.5 毫升，3~4 个月后重复注射一次，可使雏鸭通过被动免疫，预防雏鸭肝炎。为 1 日龄雏鸭接种疫苗，免疫期约 1 个月；种鸭经疫苗接种后，可使其后代雏鸭获得坚强的免疫力。在 −15℃以下保存，有效期 1 年。

2. 鸭瘟鸡胚化弱毒疫苗

用于预防鸭瘟，是采用鸭瘟鸡胚化弱毒株接种鸡胚或鸡胚成纤维细胞，收获感染的鸡胚尿囊液、胚体及绒毛尿囊膜研磨或收获细胞培养液，加入适量保护剂，经冷冻真空干燥制成。

使用时按瓶签注明的剂量，加生理盐水或灭菌蒸馏水按 1∶200

倍稀释，20 日龄以上鸭肌内注射 1 毫升；5 日龄雏鸭肌注 0.2 毫升（60 日龄应加强免疫 1 次）。注射疫苗 5~7 天，即可产生免疫力，免疫期为 6~9 个月。在 –15℃以下保存，有效期为 18 个月。

3. 鸭瘟 – 鸭病毒性肝炎二联疫苗

本二联疫苗可以同时预防鸭瘟和鸭病毒性肝炎两种病，适用于 1 月龄以上鸭。使用时按瓶签注明的剂量 100 羽、250 羽份装，则分别用稀释液 100 毫升、250 毫升稀释均匀，1 月龄鸭胸部或腿部皮下注射 1 毫升，鸭产蛋前进行第二次免疫。疾病流行严重地区可于 55~60 周龄时再加强免疫 1 次。初免鸭瘟免疫期为 9 个月，鸭病毒性肝炎 5 个月；二免则均可达到 9 个月。疫苗可用专门稀释液，如没有该稀释液则可以用无菌生理盐水或无菌蒸馏水、冷开水等代替。疫苗稀释后 4 小时内用完，隔夜无效。本苗存放在 –15℃以下有效期 1.5 年；0℃ 冻结状态下保存有效期 1 年；4~10℃保存有效期 6 个月；10~15℃保存有效期 10 天。

4. 鸭腺病毒蜂胶复合佐剂灭活苗

本疫苗专门用于预防鸭腺病毒病。本品为淡绿色的混悬液，静置保存时底部有沉淀物。免疫注射后 5~8 天可产生免疫力。用时注意振荡均匀。免疫程序为每羽鸭在产蛋前 2~4 周龄皮下注射 0.5 毫升。本苗存放在 10~25℃或常温下阴暗处有效期 1.5 年。

5. 鸭传染性浆膜炎灭活苗

本品用于预防由鸭疫里杆菌引起的雏鸭传染性浆膜炎，是采用抗原性良好的鸭疫里杆菌菌种接种于适宜培养基，在二氧化碳培养箱培养，经甲醛溶液灭活，加适当的乳油制成。本品为乳白色均匀乳剂，久置后发生少量白色沉淀，上层为乳白色液体。雏鸭每羽胸部肌内注射 0.2~0.3 毫升，用前充分摇匀。免疫期为 3~6 个月。放置在 8~25℃ 保存，勿冻结，有效期为 1 年。

6. 鸭大肠杆菌疫苗

本苗是由鸭大肠杆菌引起的生殖器官病所分离的特定致病性血清型大肠杆菌和由鸭大肠杆菌引起的败血症分离得到的特定致病性血清型大肠杆菌研制而成，是一种灭活疫苗，静置保存时上清液清澈透明，底部有白色沉淀物。本苗用于后备种鸭及种鸭的免疫。鸭免疫后 10~14 天产生免疫力，免疫期 4~6 个月。免疫注射后种鸭无不良反应，免疫期间，种蛋的受精率高，种母鸭的产蛋率及孵化率均将提高 10%~40%，雏鸭成活率明显提高。使用本苗时，应注意振荡均匀。该苗的一个免疫剂量为每只鸭皮下注射 1 毫升。免疫程序为 5 周龄左右免疫注射 1 次，产蛋前 2~4 周免疫 1 次，必要时可于产蛋后 4~5 个月再免疫 1 次。本苗存放在 10~25℃或常温下阴暗处有效期 12 个月。

注意事项：按兽医常规消毒注射操作；本苗非常安全，注射后无任何反应，不影响产蛋等生产性能；抓鸭时，切忌动作粗暴而造成鸭体损伤、死亡或影响生产性能；如果鸭群正在发生其他疾病，则不能使用本苗。

7. 鸭传染性浆膜炎 - 雏鸭大肠杆菌病多价蜂胶复合佐剂二联灭活苗

用于预防小鸭传染性浆膜炎（鸭疫里默氏杆菌病）和雏鸭大肠杆菌败血症专用，产品为淡绿色的混悬液，静置保存时底部有沉淀物。本苗产生免疫力时间快，免疫注射后 5~8 天可产生免疫力，雏鸭注射本苗可显著提高雏鸭存活率。使用本苗时，注意振荡均匀。1~10 日龄雏鸭每羽皮下注射 0.5 毫升，本病流行严重地区可于 17~18 日龄再注射 1 次（0.5~1.0 毫升）；20 日龄以上鸭皮下注射 1 毫升。本苗存放在 10~25℃或常温下阴暗处有效期 1.5 年。

8. 鸭巴氏杆菌 A 型苗

本疫苗是将血清 A 型多杀性巴氏杆菌株，按照鸭群中各血清型分布的比例研制而成的专门用于预防鸭巴氏杆菌病的生物制剂。本品为淡褐色悬液，静置时底部有沉淀物，用时注意振荡均匀。一个免疫剂量为每羽皮下注射 2 毫升，如能分成 2 次注射（隔周 1 次）分别皮下注射 1 毫升则效果更好。免疫程序可采用 5~7 周龄免疫 1 次，产蛋前 2~4 周免疫 1 次，必要时可于产蛋后 4~5 个月再免疫 1 次。本苗存放在 10~25℃或常温下阴暗处有效期 2 年。

9. 禽霍乱弱毒菌苗

本菌苗用于预防家禽（鸡、鸭、鹅）的禽霍乱，是用禽巴氏杆菌 G190E40 弱毒株接种适合本苗的培养基培养，在培养物中加保护剂，经冷冻真空干燥制成。本品为褐色海绵状疏松团块，易与瓶壁脱离，加稀释液后迅速溶解成均匀混悬液。按瓶签上注明的羽份，加入 20% 氢氧化铝胶生理盐水稀释并摇匀。3 月龄以上的鸭，每羽肌内注射 0.5 毫升。免疫期为 3~5 个月。25℃以下保存，有效期 1 年。病、弱鸭不宜注射，稀释后必须在 8 小时内用完。在此期间不能使用抗菌药物。

　　10. 禽霍乱组织灭活苗

　　本苗用于预防禽霍乱，采用人工感染发病死亡的鸭等家禽的肝、脾等脏器，也可采用人工接种死亡的鸡胚、鸭胚的胚体，捣碎匀浆，加适量生理盐水，制成滤液，过滤后，经甲醛溶液灭活，置 37℃温箱作用制备而成。本品呈灰褐色液体，久置后稍有沉淀，注射前需摇匀。2 月龄以上鸭，每羽肌内注射 2 毫升，免疫期 3 个月。放置在 4~20℃常温保存，勿冻结，保存期 1 年。

　　详细内容见表 4-9。

表 4-9　鸭场常用的疫苗

名称	用途、用法用量	保存和有效期
雏鸭肝炎弱毒疫苗	预防雏鸭肝炎。按瓶签注明剂量，加生理盐水或灭菌蒸馏水按 1∶100 倍稀释，1 日龄雏鸭皮下注射 0.1 毫升。也可用于种鸭免疫，在产蛋前 10 天，肌内注射 0.5 毫升，3~4 个月后重复注射一次，可使雏鸭通过被动免疫，预防雏鸭肝炎。1 日龄雏鸭免疫接种，免疫期约 1 个月	−15℃以下保存，有效期 1 年
鸭瘟鸡胚化弱毒疫苗	预防鸭瘟。按瓶签注明的剂量，加生理盐水或灭菌蒸馏水按 1∶200 倍稀释，20 日龄以上鸭肌内注射 1 毫升；5 日龄雏鸭肌注 0.2 毫升（60 日龄应加强免疫一次）。注射疫苗 5~7 天，即可产生免疫力，免疫期为 6~9 个月	在 −15℃以下保存，有效期为 18 个月

名称	用途、用法用量	保存和有效期
鸭瘟－鸭病毒性肝炎二联疫苗	预防鸭瘟和鸭病毒性肝炎。① 使用时按瓶签注明的剂量 100 羽、250 羽份装，则分别用稀释液 100 毫升、250 毫升稀释均匀，1 月龄鸭胸部或腿部皮下注射 1 毫升，鸭产蛋前进行第二次免疫。疾病流行严重地区可于 55~60 周龄时再加强免疫 1 次。② 初免鸭瘟免疫期为 9 个月，鸭病毒性肝炎 5 个月；二免可达到 9 个月。③ 疫苗可用专门稀释液，如没有该稀释液则可以用无菌生理盐水或无菌蒸馏水、冷开水等代替。④ 疫苗稀释后 4 小时内用完，隔夜无效	本苗存放在 –15℃ 以下有效期 1.5 年；0℃ 冻结状态下保存有效期 1 年；4~10 ℃ 保存有效期 6 个月；10~15℃ 保存有效期 10 天
番鸭细小病毒活疫苗	预防番鸭细小病毒。本疫苗适用于未经免疫种番鸭的后代雏番鸭的预防免疫接种。使用时按瓶签注明剂量稀释，给出壳后 48 小时内的雏番鸭，每羽皮下注射 0.2 毫升。接种 7 天后产生免疫力	放置在 –15℃ 以下保存，有效期 18 个月
鸭腺病毒蜂胶复合佐剂灭活苗	预防减蛋综合征。用时注意振荡均匀。免疫程序为每羽鸭在产蛋前 2~4 周龄皮下注射 0.5 毫升。免疫注射后 5~8 天可产生免疫力	存放在 10~25℃ 或常温下阴暗处有效期 1.5 年
鸭传染性浆膜炎灭活苗	预防鸭传染性浆膜炎。雏鸭每羽胸部肌内注射 0.2~0.3 毫升，用前充分摇匀。免疫期为 3~6 个月	放置在 8~25℃ 保存，勿冻结，有效期为 1 年
鸭大肠杆菌疫苗	预防鸭大肠杆菌病。本苗用于后备鸭及种鸭的免疫。鸭免疫后 10~14 天产生免疫力，免疫期 4~6 个月。免疫注射后种鸭无不良反应，免疫期间，种蛋的受精率高，种母鸭的产蛋率及孵化率将提高 10%~40%，雏鸭成活率明显提高。使用本苗时应注意振荡均匀。该苗的一个免疫剂量为每只鸭皮下注射 1 毫升。免疫程序为 5 周龄左右免疫注射 1 次，产蛋前 2~4 周免疫 1 次，必要时可于产蛋后 4~5 个月再免疫 1 次。注意抓鸭时，切忌动作粗暴而造成鸭体损伤、死亡或影响生产性能；如果鸭群正在发生其他疾病，则不能使用本苗	本苗存放在 10~25℃ 或常温下阴暗处有效期 12 个月

（续表）

名称	用途、用法用量	保存和有效期
鸭传染性浆膜炎（鸭疫里杆菌病）-雏鸭大肠杆菌病多价蜂胶复合佐剂二联灭活苗	预防鸭传染性浆膜炎和雏鸭大肠杆菌病。使用本苗时，注意振荡均匀。1~10日龄雏鸭每羽皮下注射 0.5 毫升，本病流行严重地区可于 17~18 日龄再注射 1 次（0.5~1.0 毫升）；20 日龄以上鸭皮下注射 1 毫升。本苗产生免疫力时间快，免疫注射后 5~8 天可产生免疫力，注射后可显著提高雏鸭存活率	本苗存放在 10~25℃或常温下阴暗处有效期 1.5 年
鸭巴氏杆菌A型苗	预防鸭霍乱。用时注意振荡均匀。一个免疫剂量为每羽皮下注射 2 毫升，如能分成 2 次注射（隔周 1 次）分别皮下注射 1 毫升则效果更好。免疫程序可采用 5~7 周龄免疫 1 次，产蛋前 2~4 周免疫 1 次，必要时可于产蛋后 4~5 个月再免疫 1 次	本苗存放在 10~25℃或常温下阴暗处有效期 2 年
禽霍乱弱毒菌苗	预防鸭霍乱。按瓶签上注明的羽份，加入 20% 氢氧化铝胶生理盐水稀释并摇匀。3 月龄以上的鸭，每羽肌内注射 0.5 毫升。免疫期为 3~5 个月	本苗保存在 10~15℃或常温下阴暗处有效期 2 年
禽霍乱组织灭活苗	预防鸭霍乱。2 月龄以上鸭，每羽肌内注射 2 毫升。免疫期 3 个月	放置在 4~20℃常温保存，勿冻结，保存期 1 年

五、科学安排接种时间和间隔

（一）避免免疫干扰

同时接种两种或多种疫苗常产生干扰现象，故两种病毒性活疫苗的接种时间至少间隔 1 周以上；免疫前后停止喷雾或饮水消毒，尤其是注射活菌苗前后禁用抗生素。

（二）首次接种应选择毒力较弱的活毒苗

在种鸭的一个生产周期内，某些疫苗需要多次免疫接种，这些疫苗的首次接种，应选择毒力较弱的活毒苗做启动免疫，以后再使用毒力稍强的或中等毒力的疫苗做补强免疫接种。

（三）防止应激

制定免疫计划要结合本场的实际和工作安排，避开转群、开产、产蛋高峰等敏感时期，以防止加剧应激。

六、考虑所饲养种鸭的品种特点

鸭的品种不同，对各种疾病的抵抗能力也不尽相同，由此对其免疫程序要有针对性。如樱桃谷种鸭易患的疾病主要是病毒性肝炎、鸭瘟和鸭霍乱，故樱桃谷种鸭养殖场（户）在制定免疫程序时要重点考虑这三种疾病的免疫问题，而其他鸭病则可根据当地疫情灵活安排。

七、注意鸭体已有抗体水平的影响

种鸭体内已经存在的抗体会中和接种的疫苗，因此在种鸭体内抗体水平过高时接种，免疫效果往往不理想，甚至是反面的。种鸭体内抗体来源分为两类：一是先天所得，即通过亲代种鸭免疫遗传给后代的母源抗体；二是通过后天免疫产生的抗体。

母鸭开产前已强制接种某疫苗，则其所产种蛋孵出的雏鸭体内就含有高浓度的母源抗体。若此时接种疫苗则削弱雏鸭体内的母源抗体，使雏鸭在接种后几天内形成免疫空白，增加疾病感染机会。故在购买雏鸭前，应先知道种鸭的免疫情况，对于种鸭已免疫的疫苗，雏鸭应推迟该疫苗的接种时间。

后天免疫应选在种鸭抗体水平到达临界线时进行。抗体水平一般难以估计，有条件的种鸭场应通过监测确定抗体水平；不具备条件的，可通过疫苗的使用情况及该疫苗产生抗体的规律确定抗体水平。

在充分考虑以上情况的基础上，即可制定适合本场实际的免疫程序。

商品肉鸭免疫程序可参考表4-10。

表 4–10　商品肉鸭参考免疫程序

日龄	疫苗种类	剂量	免疫途径	备注
1~3	鸭病毒性肝炎弱毒苗	1 羽份	皮下注射	也可使用卵黄抗体0.5~1 毫升
10~12	禽流感油乳剂灭活苗	0.5 毫升	皮下或肌内注射	也可接种鸭疫里氏杆菌或大肠杆菌疫苗
20	鸭瘟弱毒疫苗	1 羽份	皮下或肌内注射	

樱桃谷鸭免疫程序可参考表 4–11。

表 4–11　樱桃谷鸭参考免疫程序

免疫时间	疫苗种类	接种方法
1~3 日龄	鸭病毒性肝炎疫苗	肌内注射
7 日龄	传染性浆膜炎 + 大肠杆菌二联苗	颈部皮下注射
10 日龄	鸭瘟疫苗	肌内注射
14 日龄	禽流感疫苗	颈部皮下注射

八、免疫接种的方法

（一）肌内或皮下注射

肌内或皮下注射（图 4-7）是将稀释好的疫苗用注射器注入鸭、

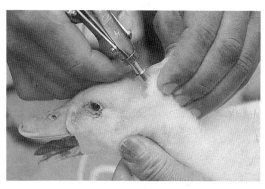

图 4-7　皮下注射

鹅的大腿外侧肌肉、胸部肌肉、翼根内侧肌肉或颈部皮下、胸部皮下和腿部皮下等部位。该方法剂量准确、效果确实，但劳动强度大，应激反应强。

肌内或皮下注射的操作注意点如下。

1. 疫苗稀释液应是经消毒而无菌的，一般不要随便加入抗菌药物

2. 疫苗注射量适宜

疫苗的稀释和注射量应适当，量太小则操作时误差较大，量太大则操作麻烦，根据不同日龄应控制在 0.2~1 毫升 / 只为宜。

3. 注射量准确

使用连续注射器注射时，应经常核对注射器刻度容量和实际容量之间的误差，以免实际注射量出现偏差。注意注射器及针头用前均应消毒。

4. 注射部位准确

皮下注射的部位一般选在颈部背侧，肌内注射部位一般选在胸肌或肩关节附近的肌肉丰满处。

5. 注射操作正确

针头插入的方向和深度也应适当，在颈部皮下注射时，针头方向应向后向下，针头方向与颈部纵轴基本平行。对雏鸭鹅的插入深度为0.5~1 厘米，日龄较大的鸭鹅可为 1~2 厘米。胸部肌内注射时，针头方向应与胸骨大致平行，插入深度雏鸭鹅为 0.5~1 厘米，日龄较大的鸭鹅可为 1~2 厘米。在将疫苗液推入后，针头应慢慢拔出，以免疫苗液漏出。在注射过程中，应边注射边摇动疫苗瓶，力求疫苗的均匀。

6. 注意接种顺序

在接种过程中，应先注射健康群，再接种假定健康群，最后接种有病的鸭鹅群。

7. 注射针头和部位的消毒问题

关于是否一只鸭一个针头及注射部位是否消毒的问题，可根据实际情况而定。但吸取疫苗的针头和注射鸭鹅的针头则绝对应分开，尽量注意卫生以防止经免疫注射而引起疾病的传播或引起接种部位的局部感染。

（二）饮水法

用不含有氯、铜、锌、铁等离子或其他消毒剂、清洁剂的凉水稀释疫苗。若用含氯的自然水时，要先煮沸放置过夜后再用。根据鸭的数量计算疫苗用量（考虑到有部分浪费，可加大 1/2~1 倍的量）；还要根据鸭的年龄计算疫苗稀释用水量，一般 20~30 日龄 15~20 毫升/只，成年鸭 40 毫升/只。事前将饮水器用清水洗刷干净，保证有 2/3 的鸭能同时饮水；饮水前要停水 2~4 小时；为了增加疫苗的活力和持续时间，最好在稀释液中加入 0.2% 脱脂奶粉作保护剂，然后与疫苗混合供鸭饮用。

（三）点眼、滴鼻

点眼、滴鼻是将稀释好的疫苗用滴管滴入鸭雏的鼻孔或眼睛内（左手握住雏禽，用左手食指与中指夹住头部固定，平放拇指将禽只的眼睑打开，右手持吸有已经稀释好的疫苗滴管，将疫苗液滴入眼内 1 滴，同时滴入鼻孔 1 滴。在滴鼻时应注意用中指堵住对侧的鼻孔。待眼内和鼻孔内疫苗吸入后方可松手）。该方法如果操作得当，效果比较确实，尤其是对一些嗜呼吸道的疫苗，经点眼、滴鼻可以产生局部免疫抗体，免疫效果较好。但需要逐只抓鸭，劳动强度大，易引起鸭的应激，操作稍有马虎，往往达不到预期的目的。

第四节　肉鸭疾病的预防保健

预防保健是投资，治疗用药是消费，可见预防保健的重要性。一旦拿药去给鸭治病时，意味着损失已不可避免，只能尽最大努力降低损失，所以要做好预防保健。预防保健并不是一味地投药，而是根据鸭的生理生长特点，明确用药目的，然后合理地安排用药，既起到保健的目的，又降低日常用药的副作用。

饲养肉鸭的预防保健用药没有固定不变的程序，可根据自己本场的实际情况灵活制定。下列用药预防程序可供参考。

（一）1~5 日龄

主要加速胎粪及毒素的排泄，减少雏鸭因运输等造成的应激；净化沙门氏菌、大肠杆菌、支原体等病原体造成的垂直传播，预防鸭病毒性肝炎、脐炎等，为育雏创造一个良好的开端。推荐使用黄芪多糖口服液、复合维生素、鸭病毒性肝炎冻干苗、高免血清或高免卵黄抗体、氟喹诺酮类、氟苯尼考、大观霉素＋林可霉素等，首饮以选用黄芪多糖口服液、复合维生素等任何1种，混饮1次为宜。

其中，1~3日龄以净化病原体，预防脐炎、鸭传染性浆膜炎等为目的。按药敏试验结果，以选用氟喹诺酮类、氟苯尼考、大观霉素＋林可霉素等中的任何1种与黄芪多糖口服液联用，连用3天为宜。2日龄，进行鸭传染性肝炎疫苗免疫（无母源抗体或抗体水平很低的鸭群），皮下注射，每羽0.3~0.5毫升，宜晚上进行（高发地区此时可不免疫，皮下注射高免血清或高免卵黄抗体，间隔7日重复1次）。5日龄，进行鸭传染性肝炎疫苗免疫（母源抗体水平较高的鸭群），1倍量口服。疫苗与黄芪多糖口服液（抗原保护剂）同用最佳。

（二）6~8日龄

主要预防鸭流感，减缓免疫应激，预防鸭传染性浆膜炎、鸭副伤寒等，避免鸭群在免疫断档期遭受危害。可用鸭流感油苗、黄芪多糖口服液、半合成青霉素类、头孢菌素类、氟苯尼考、氟喹诺酮类等。按药敏试验结果选用敏感药物，连用3天。7日龄（免疫当日）宜选用鸭流感油苗，肌注，每羽0.3~0.5毫升。

（三）11~13日龄

主要预防禽大肠杆菌病、鸭传染性浆膜炎、鸭霉菌性肺炎等。推荐使用半合成青霉素类、头孢菌素类、氨基糖苷类、氟苯尼考、氟喹诺酮类、磺胺类、黄芪多糖口服液、硫酸铜等。按药敏试验结果选用敏感药物，连用3天；同时饮用0.1%~0.3%硫酸铜溶液预防鸭霉菌性肺炎。

（四）14~16日龄

主要预防鸭瘟，减缓免疫应激反应及鸭支原体感染暴发。使用鸭瘟疫苗、黄芪多糖口服液、大环内酯类、氟喹诺酮类等。免疫前1日、免疫当日、免疫后1日以选用大环内酯类、氟喹诺酮类等中的任何1种，与黄芪多糖口服液联用，连用3天为宜。15日（免疫当日）宜选用鸭瘟疫苗，肌注，每羽0.3~0.5毫升。

（五）17~19 日龄

主要预防禽大肠杆菌病、鸭传染性浆膜炎、鸭坏死性肠炎等。推荐使用半合成青霉素类、头孢菌素类、氨基糖苷类 + 林可胺类、氟苯尼考、氟喹诺酮类、黄芪多糖口服液等。按药敏试验结果选用敏感药物，连用 3 天为宜。

（六）22~25 日龄

保护或预防免疫空白期鸭群遭受病毒的侵害，提高免疫力，保肝护肾，使鸭群获得足够的保护力。推荐使用黄芪多糖口服液、中药抗病毒颗粒、干扰素、转移因子、清瘟败毒散、荆防败毒散、双黄连口服液、柠檬酸钠 + 氯化钾等。以从中药抗病毒颗粒、干扰素、转移因子、清瘟败毒散、荆防败毒散、双黄连口服液等中任选 1 种，与黄芪多糖口服液联用，连用 3~4 天为宜。

（七）27~30 日龄

主要预防鸭流感、鸭瘟以及鸭大肠杆菌病、禽霍乱与鸭传染性窦炎等混感。推荐使用中药抗病毒颗粒、干扰素、转移因子、清瘟败毒散、荆防败毒散、双黄连口服液、黄芪多糖口服液，氟喹诺酮类、新霉素 + 强力霉素、林可霉素 + 大观霉素等。以从中药抗病毒颗粒、干扰素、转移因子、清瘟败毒散、荆防败毒散、双黄连口服液中任选 1 种和氟喹诺酮类、新霉素 + 强力霉素、林可霉素 + 大观霉素等中的任何 1 种与黄芪多糖口服液联用，连用 3~4 天为宜。

（八）32 日龄到出栏

要严格饲养管理程序，加强兽医卫生防疫；提供充足营养，保肝护肾，维护肠道，催肥增重，提高出栏率。推荐使用黄芪多糖口服液、复合维生素、聚维酮碘、清瘟败毒散、荆防败毒散等。

采用先进饲养技术，提供清洁、充足的饲料和饮水，强化环境卫生，严格日常管理程序。

坚持 2~3 日 1 次带鸭消毒，以选用聚维酮碘、戊二醛等成分的消毒药，两种交替使用为宜；饮水消毒以选用聚维酮碘、癸甲溴铵、二氯异氰尿酸钠等成分的消毒剂任 1 种为宜；清理水线以选用癸甲溴铵、二氯异氰尿酸钠等成分的消毒剂任 1 种为宜；保肝护肾，预防腹水可选用乌洛托品、柠檬酸钠 + 氯化钾等成分的保肾药任 1 种与黄芪多糖口服液联用为宜；补充营养、预防应激可选用复合维生素与黄芪多糖口服液联用为宜；保护肠道、预防肠炎可选用清瘟败毒散、荆防败毒散等任1种与黄芪多糖口服液联用为宜。

注意防疫前后、扩群、换料、停电等应激较大时，饮水中添加优质多维，最好是液体多维，溶解好、易吸收、不堵塞饮水线。

肉鸭的药物保健程序也可参考表4-12。

表4-12　肉鸭的药物保健方案

日龄	作用	方案
1~5	防治沙门氏菌，鸭传染性浆膜炎，大肠杆菌，减轻应激，提高健雏率、抗病力、成活率	① 1 日龄饮水中加入5%葡萄糖＋电解多维200克。② 2~5 日龄饮水中加入电解多维。③ 1~5 日龄可选择使用以下药物：恩诺沙星8~10克＋甲氧苄啶2克。④ 鸭肝高发区可配合使用抗病毒中药（黄芪，金丝桃素，双黄连等）
6~10	维持肠道健康	使用微生态制剂益生素，补充有益菌，提高抗病力，调节肠道菌群，提高生长速度，提高利用率
11~13	防治鸭传染性浆膜炎，沙门氏菌，大肠杆菌	丁胺卡那或新霉素8~10克＋甲氧苄啶2克或氟苯尼考8~10克＋甲氧苄啶2克
14~18	维持肠道健康	使用微生态制剂益生素或料中加入大蒜，补充有益菌，提高抗病力，调节肠道菌群，提高生长速度，提高利用率
19~21	防治鸭传染性浆膜炎，大肠杆菌，鸭霍乱	氟苯尼考8~10克＋甲氧苄啶2克
	防流感	以上药方基础上添加双黄连＋维生素C 8克
22~26	修复由于疾病和用药造成的肝肾损伤，调节肠道菌群	益生素，电解多维等饮水或拌料

（续表）

日龄	作用	方案
27~32	防治大肠杆菌，鸭霍乱，鸭败血型霉形体病、鸭疫综合征	① 庆大霉素 8~10 克 + 甲氧苄啶 2 克或强力霉素 8 克 + 泰乐菌素 8 克 + 甲氧苄啶 2 克或泰乐菌素 8 克 + 红霉素 50 克 + 甲氧苄啶 2 克。② 清瘟败毒散拌料
33~ 出栏	调节肠道菌群平衡	料中可拌入大蒜素或添加益生素，饮水中加入电解多维等

技能训练

常用消毒药物的配制。

【目的要求】掌握肉鸭场常用消毒药物的配制方法。

【训练条件】量杯或量筒、玻璃棒、研钵、粗天平、50% 煤酚皂溶液（来苏儿）、生石灰、40% 甲醛溶液（福尔马林）、氢氧化钠（苛性钠）、水等。

【考核标准】

1. 准备充分，物品摆放整齐有序。

2. 操作细心、规范，称量准确。

3. 能准确说出各种消毒药物的作用。

思考与练习

1. 肉鸭场消毒的方法有哪些？使用化学消毒剂需要注意哪些问题？

2. 空鸭舍应如何进行消毒？

3. 鸭群给药途径有哪些？

4. 给肉鸭进行免疫接种应注意哪些问题？

5. 如何处理病死鸭？

参考文献

[1] 李慧芳，宋卫涛．肉鸭优良品种与高效养殖配套技术 [M]. 北京：金盾出版社，2016.

[2] 李童，葛密艳．肉鸭标准化规模养殖技术 [M]. 北京：中国农业科学技术出版社，2013.

[3] 王永强．轻松学养肉鸭 [M]. 北京：中国农业科学技术出版社，2015.